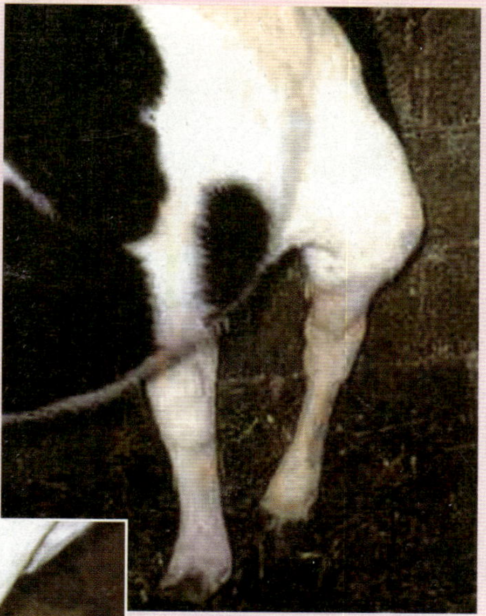

浆液性膝关节炎

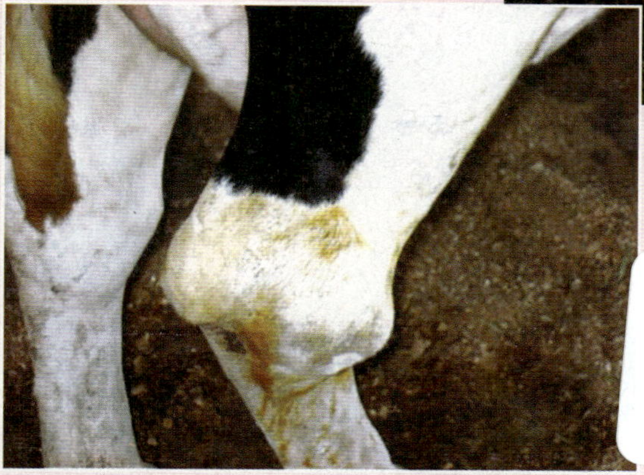

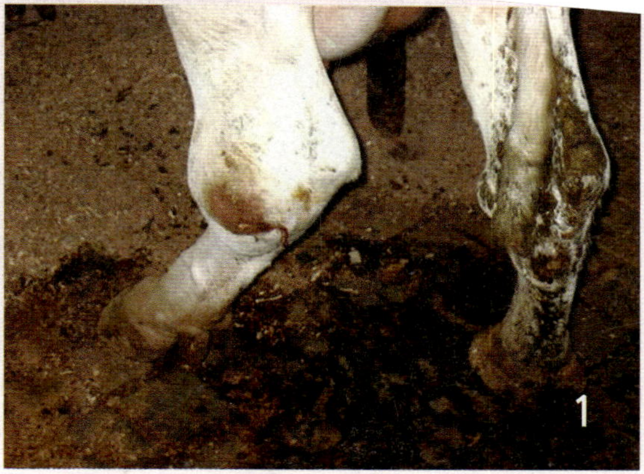

化脓性跗关节炎

桡神经麻痹

腓神经麻痹

闭孔神经麻痹并发髋关节损伤

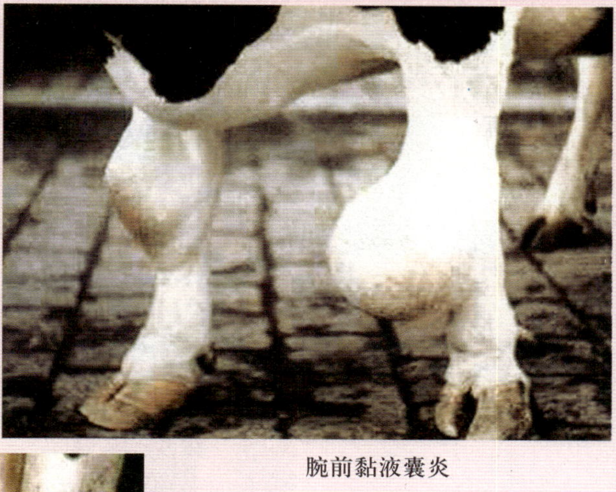

腕前黏液囊炎

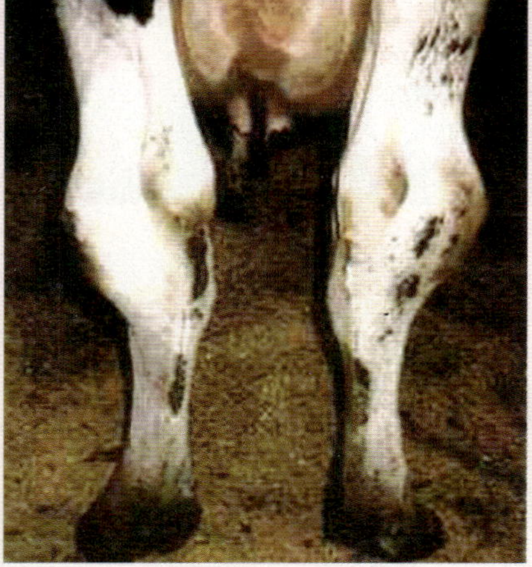

跗部黏液囊炎

跗关节囊肿

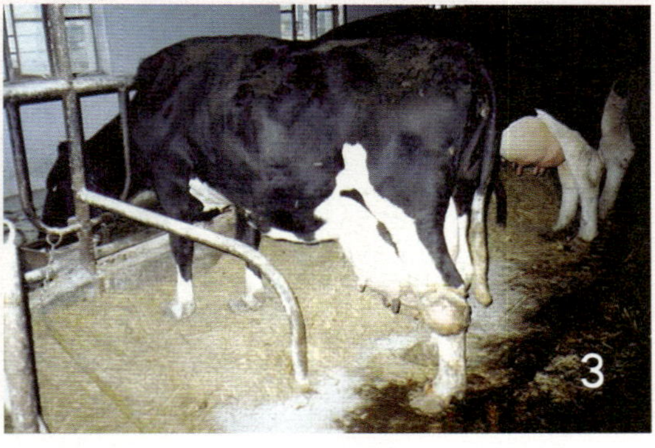

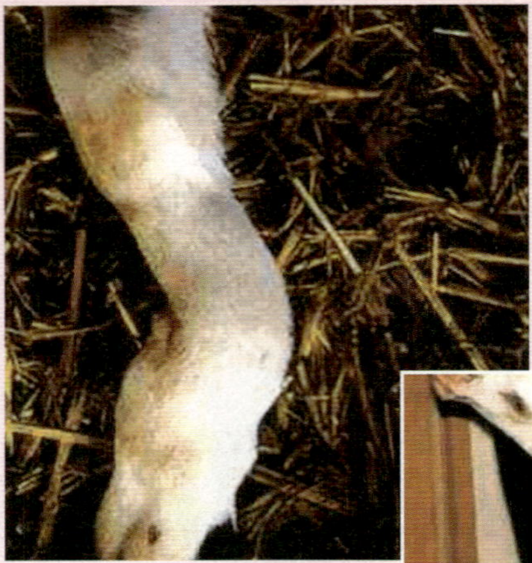

掌骨骨折

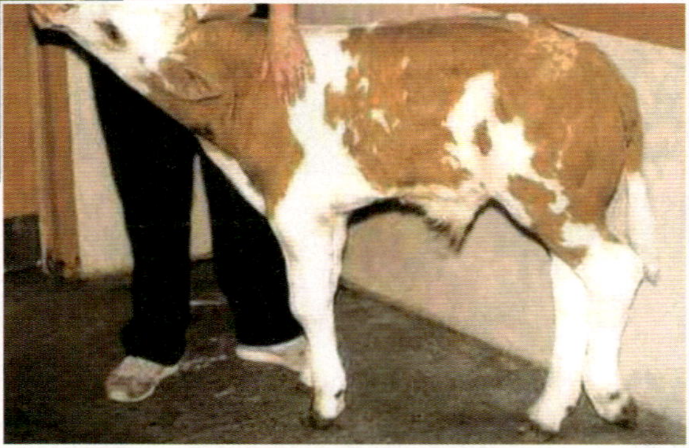

股骨骨折

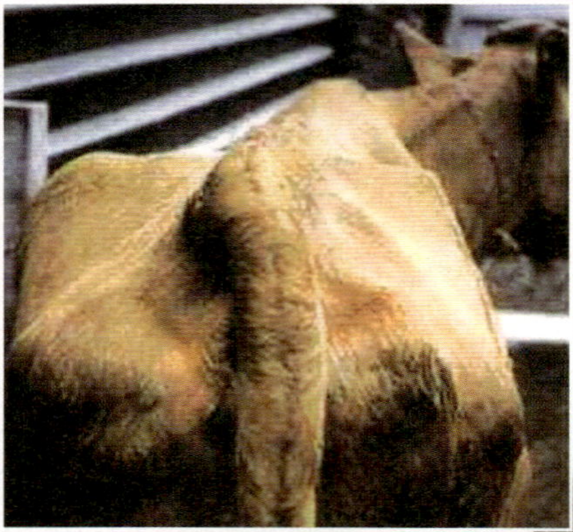

骨盆骨折

牛病理性躺卧（后躯麻痹）

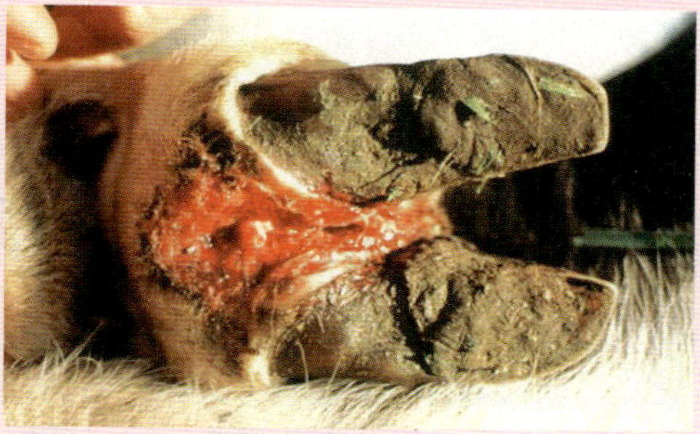

指（趾）间皮炎

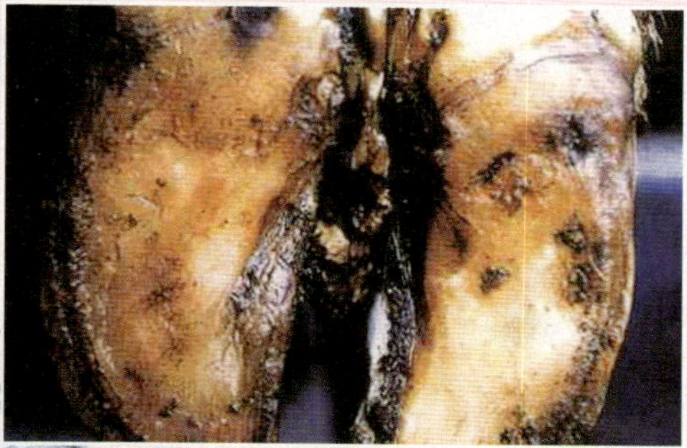

指（趾）间皮肤增殖

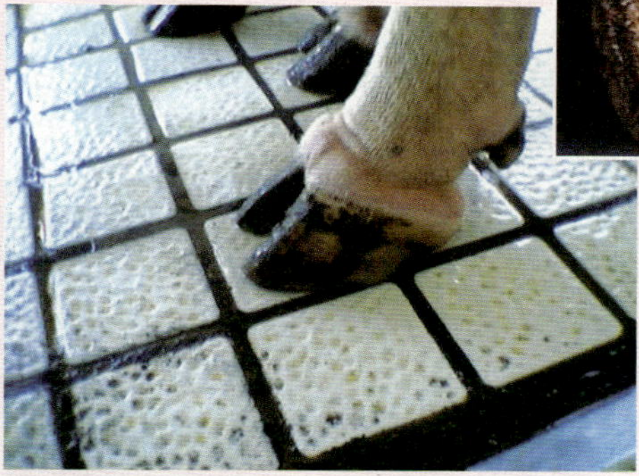

蹄冠蜂窝织炎

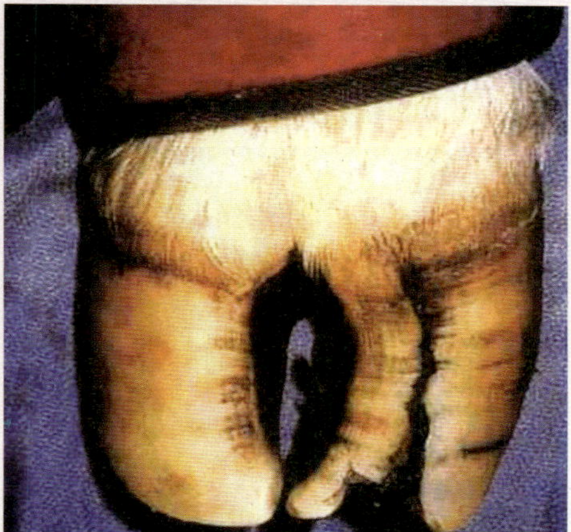

蹄　裂

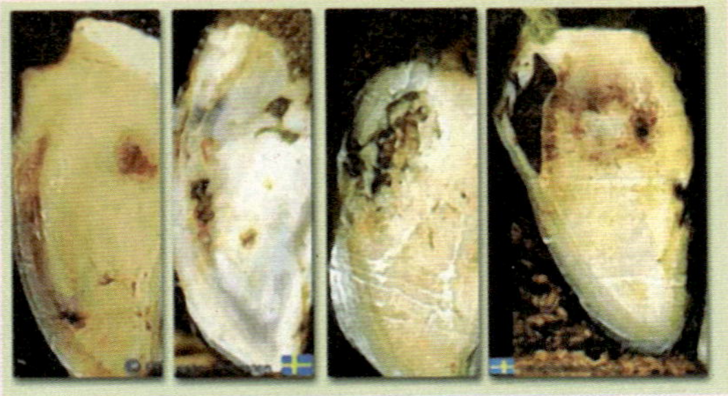

蹄底崩裂

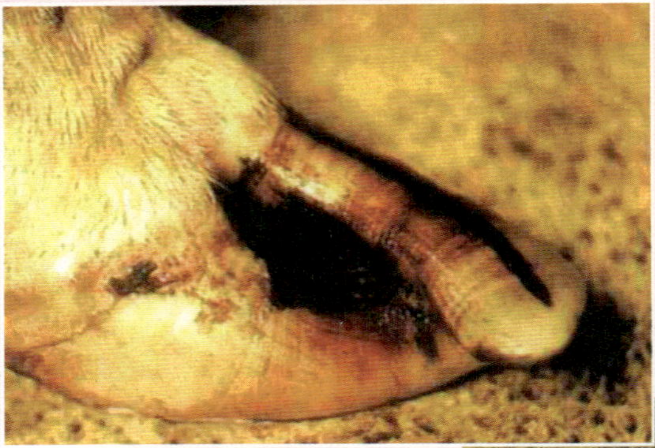

剪状蹄并发蹄裂

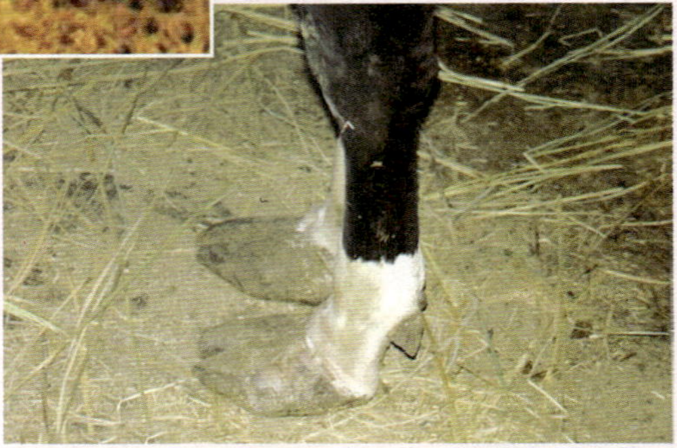

延　蹄

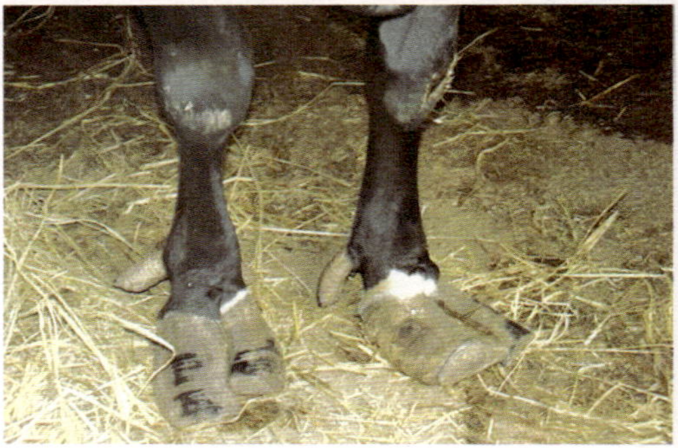

拖鞋蹄

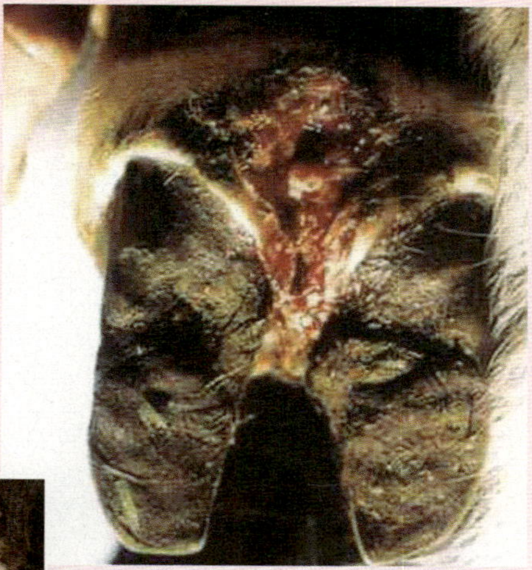
腐蹄病

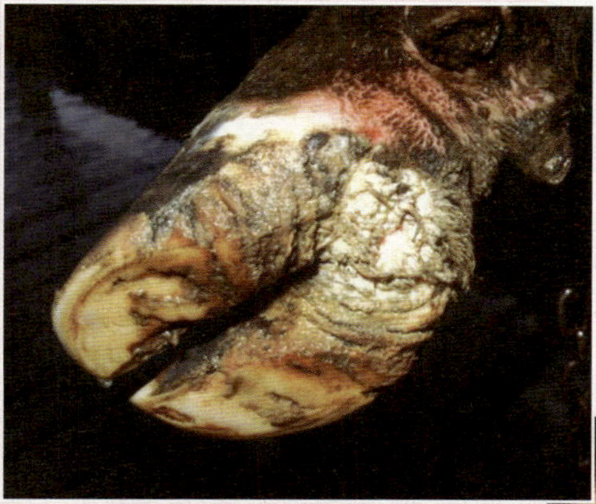
蹄糜烂

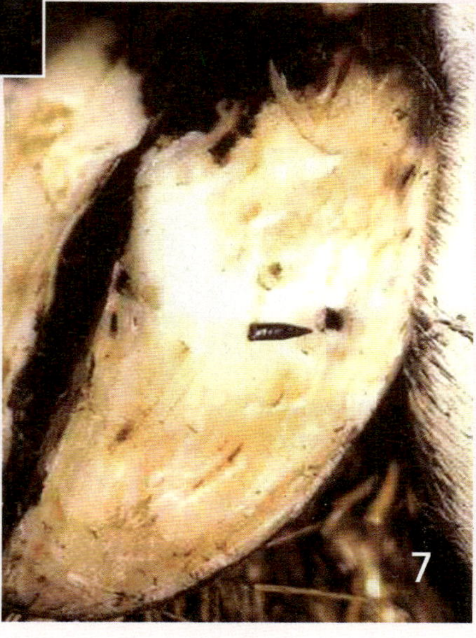
蹄底刺伤

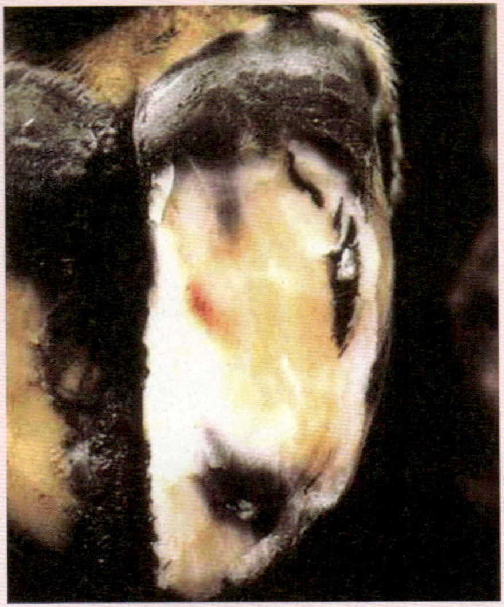

白线病

倒卧保定修蹄

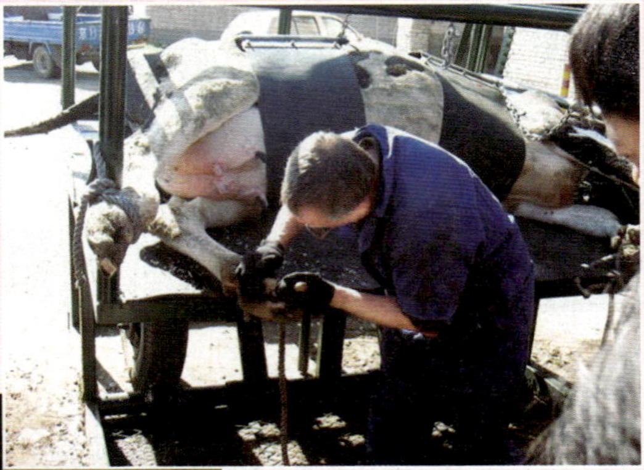

测量蹄底平整度

奶牛肢蹄病防治

岳海宁　魏彦明　编著

金 盾 出 版 社

内 容 提 要

本书由甘肃农业大学动物医学院专家精心编著，内容包括：奶牛肢蹄病的诊断基础、46 种奶牛肢蹄病的诊断与防治，以及奶牛蹄部的保健等。内容丰富全面，语言通俗易懂，可供广大畜牧兽医技术人员、奶牛场修蹄工、奶牛专业户和农业院校相关专业师生阅读参考。

图书在版编目(CIP)数据

奶牛肢蹄病防治/岳海宁，魏彦明编著. —北京：金盾出版社，2007.10

ISBN 978-7-5082-4699-4

Ⅰ. 奶… Ⅱ. ①岳…②魏… Ⅲ. 乳牛-蹄病-防治 Ⅳ. S857.11

中国版本图书馆 CIP 数据核字(2007)第 150191 号

金盾出版社出版、总发行

北京太平路 5 号(地铁万寿路站往南)

邮政编码：100036　电话：68214039　83219215

传真：68276683　网址：www.jdcbs.cn

北京蓝迪彩色印务有限公司印刷、装订

各地新华书店经销

开本：787×1092 1/32　印张：6.25　彩页：8　字数：128 千字

2008 年 12 月第 1 版第 2 次印刷

印数：11001—19000 册　定价：9.00 元

目　录

第一章　奶牛肢蹄病的诊断基础

奶牛肢蹄病是奶牛四肢和蹄部疾病的总称，是目前国内外发病率较高的奶牛疾病之一。在奶牛业中，肢蹄病是仅次于乳房炎和繁殖系统疾病引起奶牛被迫淘汰的第三大普遍原因。肢蹄病发病率高，但由于多呈慢性经过、不导致死亡而常被忽视，对奶牛业的发展造成极大危害。肢蹄病引起奶牛跛行、产奶量降低、体重减轻，同时因使用抗生素治疗而造成牛奶不能上市，发情时由于卧倒不便发现或不能爬跨造成发情不正常，延长产犊间隔和增加医疗费用等而造成严重的经济损失。

在奶牛肢蹄病中，蹄病发病率最高，其次是关节疾病。跛行是奶牛四肢运动功能障碍的综合症状，而不是一种独立的疾病。引起跛行的原因极为复杂，但主要是四肢及其邻近组织，特别是四肢的骨、关节、肌肉、神经、韧带、腱、黏液囊和蹄的疼痛、机械性障碍（因某种原因引起的肌肉、关节、筋腱等活动受限）、神经或肌肉麻痹等因素造成的在行走、站立时表现的反常运动姿势和体态，是四肢某些组织疾病的外部表现。此外，也可能由其他一些外科病和某些内科病、产科病、传染病以及寄生虫病直接或间接引起，诊断时必须注意鉴别。

跛行诊断比较复杂，许多疾病都可引起跛行，因而在诊断时，应注意全身检查，加以综合分析、判断推理和治疗试验来判断疾病。

第一节 跛行的种类和程度

奶牛站立时，是以四肢平均担负体重的，行走时，则由斜对角的一前肢与一后肢担负体重，另一斜对角的前、后肢提举前踏。两组斜对角的前、后肢交替运动，使牛体发生运动。四肢的斜对角组合交替运动，就是运步。

健康牛运步时，每条腿的动作可分为两个阶段，即提举伸扬前踏的悬垂阶段和落地负重并推动躯体前进的支柱阶段。同一肢从伸扬前踏到再落地负重的过程叫一步，一步有两个蹄迹，两个蹄迹之间的距离叫步幅，左右两肢的步幅相等。但是，因为牛的运步是斜对角的前、后肢同时运动，所以一前肢或一后肢的蹄迹都是和对侧肢的蹄迹交替，一肢步幅被对侧肢蹄迹分为前后两个相等的半步。当牛的某肢出现运动障碍时，其在运步期或支柱期因疼痛或功能障碍，伸扬前踏或负重发生变化，就会出现一步中的前半步和后半步不相等，某一半步出现延长或缩短，出现所谓前方短步或后方短步。但患肢所走的一步和相对健肢所走的一步仍然是相等的、不变的。

一、跛行的种类

四肢的运动功能障碍如在空间悬垂阶段表现明显，就叫做悬垂跛行，简称为悬跛；在支柱阶段表现功能障碍，就叫做支柱跛行，简称为支跛；两者同时出现时，称为混合跛。

(一)悬跛 奶牛运步时患肢提举和伸扬表现困难，而着地负重时无疼痛表现，因此又称运跛。患肢提不高、迈不远，运步缓慢、不灵活，出现前方短步，严重者则不能提伸而拖曳前行。在奶牛站立状态下，患肢常呈反常姿势。

悬跛多见于四肢上部关节、肌肉、筋膜和神经丛的疾病，故有“敢踏不敢抬，病痛在腕（跗）上”的说法。

（二）支跛 奶牛运步时患肢在着地负重的瞬间表现疼痛或功能障碍，但提举伸扬不困难。患肢落地缓慢，负重时间短或不愿负重，蹄底着地不全，系部直立，蹄音低，严重者三肢跳跃前进，在患肢落地后，对侧的健肢迅速运动前踏而提前落地，以代替患肢负重，出现后方短步。

支跛的病牛在站立状态下，患肢常呈不正常的姿势，如前踏（伸）、后踏、外展、抬起蹄不敢落地等。引起支跛的病患，多数在四肢下部关节、腱、韧带和蹄等负重部位，故有“敢抬不敢踏，病痛在腕（跗）下”的说法。

（三）混合跛 运步时患肢既不敢落地负重，提举伸扬也表现困难，即在悬垂阶段和支柱阶段都表现有程度不同的功能障碍。这两种表现在病牛行走时通常以其中一种表现症状为主，故分为以负重障碍为主的支混跛和以运步障碍为主的悬混跛。混合跛常见于四肢上部的关节病、上部的骨折、神经麻痹或四肢上、下部同时患病。

悬跛和支跛是跛行的基本类型，是相对的分类，在实际活动中，奶牛每条腿的活动是在中枢神经支配下，通过条件反射和非条件反射，各部组织共同配合完成的一个动作。四肢的每一个动作，包含着很复杂的运动，有协调运动，也有拮抗运动。在某部分的功能发生障碍时，很可能影响到另外一部分的功能。例如，某部分组织或器官在悬垂阶段发生运动功能障碍，在支柱阶段也可能出现异常；相反，支柱阶段有运动功能障碍时，悬垂阶段也可能有所表现。在临床上单纯的悬跛和支跛比较少见，而出现最多的还是混合跛行。

对于混合跛行在临床上应判明是以悬跛为主的混合跛

行，还是以支跛为主的混合跛行，因为这样对寻找疾病的部位有很大帮助。

二、跛行的程度

根据患肢功能障碍的程度将奶牛跛行分为以下3级。

(一)轻度跛行 站立或运步落地负重时，患肢以蹄全负缘着地，但负重时间比健肢短；运步时稍有异常，或在不负重运动时患肢跛行不明显，而在负重运动时表现出跛行。

(二)中度跛行 站立时患肢前伸、后踏、内收或外展，不能以全蹄着地；运步时病肢落地负重时间缩短，蹄尖接地，不能以全蹄负重，上部关节屈曲，提举和伸扬不充分。

(三)重度跛行 站立时患肢悬提着或几乎不着地负重；运步时患肢明显提伸困难，拖曳前进，甚至呈三肢跳跃前进。

第二节 跛行诊断的方法与步骤

奶牛肢蹄病种类繁多，发病率较高，必须引起重视。肢蹄病的诊断应按照一定的顺序，采用一定的方法和要领，搜集材料，进行全面分析研究，去粗取精，去伪存真，加以归纳、综合和条理化，然后找出患肢，确定患部，判定病性，建立诊断。其方法包括问诊、视诊、触诊和全身检查等。

一、问 诊

通过询问了解奶牛的发病情况、饲养管理、治疗经过等，为诊断提供线索，有时还有助于确诊和为治疗提供依据。

问诊时，除按病历表所列的畜别、性别、年龄等内容逐项登记外，还应重点注意以下几项。

一是询问跛行发生的时间，确定是突然发生的，还是逐渐发生的；有无滑倒、冲撞、打击等情况，当时表现如何，有无全身变化等。

二是询问目前情况如何，比初发时是减轻还是增重，运动中跛行是减轻还是增重，休息后怎样，是否经过治疗，治疗时用过什么方法和药物以及疗效如何等。

三是询问有无既往病史，同群牛中有无类似的疾病发生，妊娠与否，饲养管理情况与往年有无不同等。

上述内容仅作为问诊时的参考，在检查和治疗中还应结合奶牛的具体情况，随时提出与疾病有关的问题进行询问。

依据问诊得来的材料，往往可以缩小怀疑范围，如再进行必要的检查，即可迅速地做出诊断。例如，病牛受到暴力的作用(跌倒、冲撞等)，可能引起创伤、挫伤、骨折、脱位、腱断裂等；随运动而减轻的跛行，可能是慢性变形性骨关节炎或风湿症等。

问诊以后，还必须进行全身一般性检查，因为肢蹄疾病有时可引起全身变化，也有的是全身性疾病，如某些传染病、寄生虫病、产科病或内科病的局部表现。

二、视　诊

视诊可分驻立视诊、运步视诊和躺卧视诊。

(一)驻立视诊　驻立视诊的目的是初步判定病肢和估计何类疾病。驻立视诊时，使病牛站在平坦地面上，尽量在不保定的条件下让其保持自然姿势，待其安静后，检查者与病牛保持1～2米的距离，从病牛前、后、左、右对头体位置、站立姿势和肢蹄的负重状态进行全面观察。在病理状态下身体重心常从病肢向健肢转移，所以首先要注意头、颈位置，头、颈位置可说明身体重心有无转移。低头和伸颈说明身体重心前移，表示后肢有病；抬头和屈颈则说明身体重心后移，表示前肢有病。然后看肢体各部有无外伤、肿胀，变形和外形上的变化。观察顺序应自上而下，左右对比，特别要注意常发部位。

一前肢患病时，可能出现前踏、后踏、内收或外展肢势，也可能腕关节屈曲，以蹄尖负重或负重不确实；一后肢患病时，患肢呈前踏、后踏或外展肢势，关节屈曲，负重不确实，蹄部疼痛剧烈或引发某些慢性关节疾患，患肢提举悬垂不负重。

两前肢同时患病时，两前肢频频交互负重，两后肢伸到腹下，头高抬，弓腰蜷腹，使身体重心转移到后肢，减轻前肢的负重；两后肢同时患病时，常卧地不起，驻立时两前肢稍向后伸，颈部伸直，头向下低，以减轻后肢的负重，两后肢叉开或一前一后，患肢交替提举。

三肢以上同时得病时，驻立的肢势由于疾病不同而不同，比较复杂。

驻立视诊时应对蹄部进行重点观察，首先注意蹄角质生长情况，有无蹄壁过度生长和蹄变形，蹄角质有无崩裂，奶牛后肢的蹄病常比前肢严重。蹄变形有卷蹄和延蹄 2 种，有的牛延蹄和卷蹄同时发生。卷蹄常发生在后肢的蹄外侧趾和前肢的内侧指，后肢发生卷蹄时，外侧趾向内卷，蹄尖向上翘；前肢发生卷蹄时，内侧指向内卷，这与负重和肢势有关。延蹄即蹄壁延长，失去原来的蹄形和角度，有的变成高蹄，有的则向前伸延形成所谓的“爬蹄”；由于蹄卷曲和伸延的结果，一蹄的两蹄尖有时交叉在一起，形成所谓的“长嘴蹄”，严重时称为“蟹蹄”。蹄变形可引起指(趾)轴发生改变，蹄冠处出现隆凸和凹陷。其次要注意腐蹄病、指(趾)间皮炎、指(趾)间纤维瘤、蹄骨骨折等的症状，如局限性蹄皮炎、蹄不能完全负重、指

(趾)间有无破口或增生物、甚至某一指(趾)完全不能负重、蹄冠肿胀、蹄踵处皮肤与角质有无分离等。

驻立视诊时还应注意蹄以上各个部位和关节是否有异常,前肢主要注意系关节(球节)和腕关节,注意腕前黏液囊是否肿大,有无脱腂情况,肩关节是否肿大,肘关节有无关节囊肿大或肘部黏液囊炎,肘头有无位置上的改变,有无肩胛上神经或桡神经麻痹。

后肢驻立视诊时,首先应注意膝关节的大小和负重情况,有无半月状板撕裂、十字韧带断裂、侧韧带撕脱、膝关节的大小和负重情况等。膝盖骨上方脱位时,膝、跗关节高度伸展,后肢向后伸直;跟腱断裂时跗关节过度屈曲;胫骨前肌断裂时跗关节伸直;股二头肌转位时,因股二头肌夹于转子后方,造成膝关节不能屈曲,驻立时患肢呈伸展状态,并向后移;髋关节脱位时,由于股骨头脱出的方向不同,可出现不同的特征,患肢可能变长,也可能缩短,蹄尖可能外转,也可能内转,大转子处可出现凹陷,也可能出现隆起,应注意观察;腓神经麻痹时患侧趾不能伸展。奶牛腕关节以下或跗关节以下发生骨折时均较易诊断,或患肢悬起不负重,或站立困难而卧地。前后肢的上方骨折均不易确诊,需仔细观察才能辨别。骨盆骨折时,根据受伤部位产生的不同症状,除以目测左、右方是否出现非对称性缺陷外,还要以测量法帮助确定缺陷位置。

(二)运步视诊 其目的在于观察病牛的跛行种类和程度,以发现患肢和初步判定患部。

运步视诊应选择一平坦、宽广、光线充足的场地,并利用各种自然地形(硬地、软地、坡地等),有条件的可在设有水泥路面、鹅卵石路面、细沙路面和坡地等专用的跛行诊断场进行。检查者与病牛相距 3～5 米,牵病牛时缰绳应适当放长

(1～1.5 米)，以不妨碍头、颈与体躯活动为度，先使病牛沿直线走常步，然后再改为快步，必要时可走圆圈；先平地、后坡地，先前进、再后退，检查者有步骤地从前面、侧面和后面进行观察。

奶牛的跛行以支跛或支混跛为主，此时牵牛运步，往往在病肢着地的瞬间出现肢的捻转或体躯的摇摆。运步时最初的几步往往很重要，除注意每个关节的伸屈有无异常，关节活动过程中有无异常声响外，也要注意在站立视诊中已怀疑的疾病，仔细观察在运步时是否出现这些疾病的特殊表现。此外，运步视诊时还应注意搜集一些突出的症状，为进一步诊断提供新的线索。例如，在运步视诊时可经常遇到系关节的突然屈曲，这往往属于一种减少病肢负担的保护性反应，很可能在系关节上方或下方有疼痛性病理过程。在肢痉挛或麻痹状态时，也可能出现不正常步态，多数找不到敏感区，应从所表现的症状中推断患病的部位。

1. 侧面观察 观察肢的提举、伸扬有无障碍；着地负重是否确实；四个蹄音是否相同；各关节屈曲、伸展是否充分；系关节下沉是否充分；左、右肢提举是否同高，步幅是否相等。

2. 前面观察 观察有无点头运动，如着地负重时肩关节有无向外突出；肢蹄有无内收或外展等情况。

3. 后面观察 观察有无臀部升降运动，如后躯有无摇摆，体躯是否呈直线前进；肢蹄有无向内或向外划弧等情况。

某一前肢有病时，病肢落地头上抬，健肢落地头低下；某一后肢有病时，病肢落地同侧臀部高抬，健肢落地同侧臀部低下；两前肢同时发病，运步中头高抬，步态呈急速、短促的紧张步，步幅短，难移前脚，后躯下沉，两后肢伸于腹下；两后肢同时发病，运步中低头伸颈，臀部高抬，后退困难，两后肢运步短促、笨拙；两对角肢同时发病，运步中两病肢着地时体躯高抬，两健肢着地时体躯下沉，呈上、下起伏状。同侧前后肢同时发病，运步时体躯明显倾向健侧，病侧前、后肢着地时头、臀高抬，健侧前、后肢着地时，头、臀低下，从而可见头高抬与臀低下、头低下与臀高抬同时发生。

因此，凡属两肢以上发生的肢蹄病，便出现整个躯体运动的改变，产生代偿性步样，所产生的跛行症状比较复杂，检查中必须仔细鉴定。

4. 听蹄音、看蹄印 蹄音是蹄着地时碰到地面所发出的声音，一般健肢的蹄音比病肢着地时要强，声音高朗。如发现某一肢的蹄音低，即可能为病肢。同理，也可用蹄印来判断病肢，将四蹄涂上石灰或在松软地上运步，如发现某一肢的蹄印淡或浅，即可能是病肢。但必须注意，关节愈着、肌腱挛缩等机械性障碍所引起的跛行，则往往表现相反的变化。

在上述方法中，如病肢的功能障碍轻、症状不明显，尤其是不能确定病肢时，常需采用下列促进跛行明显化的一些特殊方法，以便确定患肢和病部以及跛行的种类。

一是圆圈运动。使病牛做逆、顺时针方向圆圈运动时，病牛的重心偏于内侧肢，当内侧肢发生支跛时跛行加重；当外侧的肢因运步延长、提伸费力、发生悬跛时跛行加重。

二是回转运动。轻度跛行不易检出，可使病牛快步直线运动，趁其不备，使之突然回转，在瞬间可看出患肢的运动障碍，但回转运动须连续进行几次，并向左和向右回转，以便比较。支跛患肢在回转内侧跛行明显。

三是后退运动。迫使病牛后退，若十分困难，常为后肢的神经麻痹、髋关节挫伤、膝盖骨上方脱位等。

四是软、硬地运动。患肢在软地面（如沙地、泥泞地等）运动时，提举费力，悬跛加重；在硬地面（如水泥地、沥青路面等）

运动时，落地负重的瞬间地面向患肢骨、关节、韧带、蹄等的反冲力加大，当支跛时则跛行加重。

五是上、下坡运动。由于上、下坡时躯体重心前后转移，因此上坡时后肢负担增重，后肢支跛明显；下坡时前肢负担增重，前肢支跛明显。

六是跪行试验。用两根绳分别系住两前肢的系部，然后向上经鬐甲部交叉拉向对侧，强迫腕关节屈曲而跪行，若跛行消失，病在腕下；反之，则在腕上。

（三）躺卧视诊　牛正常休息时是采取两前肢腕关节屈曲，压于胸下，后躯稍偏于一侧，下方后肢弯曲压于腹下，上方后肢屈曲位于侧方的姿势。如卧姿发生改变或卧下而不愿起立，则表明运动器官患病或出现比较严重的全身性疾病。如有的牛脊髓损伤时，不能站立，往往用髂骨支持躺卧，两后肢伸于一侧；一侧或两侧闭孔神经麻痹时，一个或两个后肢伸直呈跨坐姿势；股神经麻痹时，两后肢常向后伸直，用腹部着地。

临床上在躺卧检查时要注意病牛由卧姿改变为站立时的表现，有时正好在这段时间里可看出患肢和部位。为了证实躺卧的牛是否有能力自行站立，可尽量使其先保持正常的卧姿，然后突然以针刺或用脚在地面上搓压病牛尾部，刺激病牛使其感到疼痛而站立起来。在站立过程中可发现哪个肢有功能障碍，或某个肢的哪个部位有功能障碍。如病牛不能起立，或伸直前肢呈犬坐姿势，可能是腰椎损伤所致的后躯麻痹。为了比较，还可让牛卧在相反的位置，用同样方法再进行试验观察。躺卧视诊对检查牛的蹄病，尤其是观察蹄底、趾间皮肤，以及做被动运动、进行压痛等均较方便，但应注意轻病例病牛可因突然感痛而起立的情况，避免造成人员伤害。

三、触　诊

视诊只能引导人们找到病肢或病部，但不能完全弄清病性。触诊则可确定肿胀、敏感、疼痛或炎症的性质。根据问诊、视诊发现的线索，对患肢进行全面而有重点的检查，便可找出患部。检查时主要用手指对牛患肢的各部进行触摸、按压、牵拉和被动运动，确定局部温热、疼痛、肿胀、活动性、摩擦音、指(趾)部脉搏、关节的活动角度等情况。检查顺序一般从蹄部开始，自下而上，由前到后，从左到右。为了使检查结果比较准确，一般都需要进行对比检查，先健后患，健患对比，逐一检查。例如，在检查中发现某处有异常而不能肯定时，应在对侧健肢同一部位，取同样肢势，用同样方法、压力和时间来对比触诊，以便鉴别是正常还是病变，这种比较对于检查轻症病例尤为必要。触诊检查主要从以下方面进行。

(一)疼痛和感觉消失　病部凡属炎症性的大多敏感，按压或被动运动时均出现避让等表现，当神经麻痹时则出现感觉消失区。在检查疼痛和感觉变化时需做两侧相应位置的对比，并由轻到重(尤其是对胆小、敏感的奶牛)，以免误诊。

(二)肿胀和萎缩　软组织的急性和亚急性炎症以渗出为主，出现不同程度的炎性水肿；慢性炎症以增生为主，肿胀呈硬实感，骨赘形成后坚硬。病部长期缺血，外周神经损伤后经一定时间其所支配部位的肌肉常出现萎缩。

(三)温度　发生急性、亚急性炎症的部位均有不同程度的温度升高；发生缺血、坏死等的部位则病部温度降低。

(四)移动性　对于囊性组织，如皮下黏液囊、关节囊、腱鞘等由于炎性渗出液的增加或蓄积，发生波动感。对于肿瘤、骨赘等可发生组织间移动性减弱或不能移动。

（五）脉搏 患肢某部发生急性炎症时，通向病部的血流增加，从而脉搏增强。如果触摸指（趾）动脉亢进，常是蹄叶炎和系关节部发病的指征。

（六）摩擦音和捻发音 全骨折后摇动病部，骨的断端互相碰撞发生骨摩擦音。关节、腱鞘和皮下黏液囊发生纤维素性炎症时，按压出现捻发音。

（七）蹄部检查 在视诊的基础上，对蹄部进行触诊和压诊。蹄病占肢蹄病的很大比重，对蹄部必须进行细致的检查，特别是在视诊时已经怀疑引起跛行的原因可能在蹄部时，必须要将牛保定好，必要时先做简单的修蹄，然后再做检查。先以手背感觉蹄温（注意日光曝晒等对蹄壁温度的影响），比较病蹄和健蹄的温度，然后检查蹄底的磨灭程度，注意有无溃烂、裂隙、干枯、角质缺损、生长过度或畸形等。当运动场排水不畅，污泥层增厚时，蹄底和指（趾）间可被泥土、粪便所污染，必须先用水冲洗或将干泥刮去，并用消毒液浸泡后，才可看清蹄底各部分。如有必要还可修蹄后做进一步检查。

使用检蹄器敲打蹄壁，观察病牛是否出现疼痛反应，然后用检蹄器做压诊。检蹄器一支抵于指（趾）外侧，一支抵于蹄底，分数点做压迫动作，观察奶牛的反应，如有疼痛时，说明真皮有炎症过程，可能是蹄叶炎的表现；蹄骨骨折（大部分为横骨折）压诊时疼痛反应明显，被动运动发生更大的疼痛，确诊需经 X 射线检查。用手指滑擦和触摸蹄冠，注意有无肿胀、增温、疼痛、波动、新生物等，特别应注意检查指（趾）间皮肤和软组织有无脱屑、侵蚀、糜烂、溃疡、新生物的肉芽以及破裂口（很多种病原微生物均由此侵入）等。检查蹄角质时，注意有无裂隙和其他损伤以及蹄角质硬度，如过度磨灭，用手指压迫时，可感到很薄，并有颤动感，病牛有疼痛反应。最后触摸指

(趾)动脉,并分别对内侧指(趾)和外侧指(趾)进行伸展、屈曲、外展、内外旋转等被动运动,观察病牛有否疼痛反应。

(八)系部检查 用滑擦和压诊等方法,主要检查系骨、指(趾)腱鞘和皮肤等。注意有无肿胀,应区分是系部固有组织本身疾患引起的肿胀,还是蹄部疾病继发蔓延引起的肿胀,因为腐蹄病的化脓过程和第三指(趾)骨骨折等肿胀常蔓延至系部,此时肿胀一般是水肿性质的。系部固有组织的肿胀见于系部皮炎、掌骨或指骨骨折和关节韧带扭伤。系部皮炎时,掌(跖)侧皮肤有脱屑、侵蚀、糜烂、溃疡等,触诊系部,皮肤增厚,压迫时有疼痛反应。系部骨折时,肿胀比较明显,被动运动可感到骨摩擦音。关节扭伤时,肿胀局限于损伤的韧带处,进行被动运动可以确诊。在老龄牛易发生系部骨瘤。

(九)系关节检查 主要通过触诊诊断系关节肿胀的性质,是骨增粗,还是软部组织肿胀。如为软部组织肿胀,还应区分是韧带、关节囊,还是关节内或附近的腱鞘肿胀。系关节被动运动检查主要确定韧带有无扭伤。

(十)屈腱检查 主要检查指(趾)的浅、深屈肌腱(包括腱鞘)以及悬韧带有无增温、肿胀、疼痛和肥厚。检查方式有以下2种。

1. 紧张肢势 病牛在站立时,检查者以拇指及其他四指在屈腱两侧由上而下反复滑擦,以发现病部。

2. 松弛肢势 提起病肢,一手握系部,使腕关节以下各关节屈曲,屈腱松弛,另一手的拇指及其他四指在屈腱两侧有顺序地触压。如发现病变应仔细地对三条屈腱分别检查,并特别注意副腱头的变化。

(十一)掌(跖)部检查 主要检查掌(跖)骨和屈腱,其中屈肌腱炎尤为多发。检查屈腱时,以拇指放在屈腱外侧,其余四指放在内侧，上下滑动，感触屈腱的状态，有无肥厚、断裂、结节、瘢痕、挛缩以及肿胀、增温等变化。急性腱炎时腱增粗，压之有疼痛感。慢性腱炎时腱仅变得肥厚，疼痛不明显。用食指和中指滑擦骨的各个部位，感觉掌骨有无骨瘤，如怀疑掌（跖）骨骨折，进行被动运动时可感到骨的摩擦音，如怀疑有骨裂，可用指甲压迫寻找骨裂线。

（十二）腕部检查 主要检查关节囊、侧韧带、腱鞘和黏液囊等，先观察关节部有无变形、增大，然后检查皮肤、皮下组织、韧带、关节囊、腕前黏液囊和腱鞘。应注意其温度，以区分急性或慢性。如有肿胀时，应注意其性质和硬度，用手指压迫时，观察是否有疼痛，应注意有无腕关节炎和腕前黏液囊炎，前者疼痛，跛行较重，后者仅见外形改变，多数并无跛行。腕关节也可进行屈曲和伸展等被动运动检查。伸腕检查，在病牛站立情况下，用手把腕关节向后压，让腕伸直，先轻后重地伸张关节，以检查屈面病变；屈腕检查，把病肢提起，使腕关节屈曲，检查关节伸面病变。如腕关节有炎症时，屈曲的程度减小并有疼痛，如为腱关节炎时，则屈曲不全。

（十三）前臂部检查 主要检查桡骨、尺骨和前臂部肌腱。先观察有无脱毛、肿胀、肥厚等。检查者面向病牛，一手抵住鬐甲部，另一手的拇指、食指、中指抵于每条肌肉的两侧，逐条上下滑擦，依次检查前臂部的伸肌和屈肌有无热、肿、痛。如有可疑，再往腕下进一步检查。当有骨折可疑时，应一手提握腕关节，另一手推前臂，观察痛感和有无骨摩擦音。

（十四）肘关节部检查 主要检查肘关节囊、肘突皮下黏液囊和肘关节的骨折、脱位等。以手背感触肘部温度，用拇指按压关节间凹陷，观察有无痛感。触摸肘突，检查皮下黏液囊以及肘关节等。对关节做被动运动时，检查者站在病牛患侧，一手握住掌部提起病肢，另一手置于肘头内侧，用力向外推，同时握掌的一手将肢下端向后拉，并向内转动，这时外侧韧带紧张；把动作反过来，内侧韧带紧张，以检查韧带的反应，肘关节捩伤时，则有疼痛。

（十五）臂部检查 主要检查臂骨和臂三头肌、臂二头肌、臂头肌等。先观察有无脱毛、肿胀、增温，并以手检查皮肤或皮下组织。其次用手在肌肉的内外缘上下滑动检查。此外，用一手提握掌部，另一手把持前臂部内侧，将肢向前拉，使肩关节开张，肘关节屈曲，检查臂三头肌和三角肌；检查者面向前方，使腕关节屈曲，把前臂部尽量向后拉，迫使肘关节伸展、肩关节屈曲，检查臂头肌和臂二头肌。在这两种被动运动检查中还应注意是否有骨摩擦音，借以判断有无骨折。

（十六）肩部检查 主要检查肩关节、黏液囊以及肩部肌肉的外形、大小、敏感性，检查其功能有无障碍。触摸肩关节的轮廓，判断有无肿胀和变形，并以拇指強压关节前方和侧方凹陷处，观察有无疼痛反应。然后进行肩关节的被动运动，其方法是提起前肢，强行内收、外展、伸展、屈曲，如有疼痛，说明肩关节或相反方向的组织有炎症病变。配合运动检查所见，有重点地触摸肱骨肌结节、肩胛骨、肱骨、肱二头肌等肩胛部和前肢与躯干连接的肌肉，通过滑擦和压诊，感触有无病理过程，重点注意肩关节是否存在脱膊、肩胛上神经麻痹、桡神经麻痹和肩关节炎等。

（十七）跗部检查 主要检查关节囊、韧带、骨和跗部腱鞘等，注意有无肿胀、畸形、增温和疼痛，关节囊是否肿胀和有无波动感，如有肿胀应区别肿胀的性质和位置。触摸跗间关节和跗跖关节有无骨赘形成，跟结节及其皮下黏液囊、关节周围的腱鞘、跟腱等有无异常。要区分关节周围炎、跗关节炎、跟腱断裂、腱鞘炎等，其中以跟腱断裂时跛行最重，跗关节炎次之，且能摸到关节囊增大、有波动。腱鞘炎一般形成长圆形肿胀，也可有波动感，但不如关节炎波动明显并可经流动而互传。跟骨头皮下黏液囊炎时波动性肿胀在跟端，跗关节滑膜炎时关节憩室可出现波动性肿胀。被动运动可握住系部向上提举、屈曲或伸展跗关节，观察伸屈是否受到限制和敏感，其运动是否正常等。

（十八）小腿部检查 主要检查胫骨及其周围的肌肉，如皮肤有无脱毛、肥厚及局部有无肿胀、增温。检查者一手抵于髋结节，另一手以拇指在内侧而其余四指在外侧触摸小腿前后部，逐条检查肌肉。对胫骨骨折的检查，可用两手握住跗关节轻轻扭动，观察是否出现异常运动和骨摩擦音。

（十九）膝部检查 主要检查膝关节、膝部韧带和膝盖骨。膝关节触诊时，一手抵髋结节作为支点，一手触摸膝关节轮廓是否清楚，检查膝中、内、外侧直韧带、关节囊和膝盖骨。按压韧带检查是否有敏感，关节是否肿大，关节液是否增多，关节内侧胫骨头附近有无骨赘，膝盖骨位置是否异常。如膝盖骨上方脱位，膝直韧带紧张，可将膝盖骨向下按入股骨滑车，关节立即可屈，运步如常。膝关节损伤可见半月状板撕裂、十字韧带撕裂和侧韧带撕脱。如急性膝关节炎时，可呈一致性肿胀，以手指压诊病牛非常疼痛。如膝关节有波动性肿胀，是关节积液的特征。当慢性变形性膝关节炎时，在膝关节内侧和胫骨的关节端，可出现硬固性肿胀。

膝关节检查时还可提举患肢做伸屈运动，感觉膝盖骨的活动状况。膝盖骨上方脱位时，3 条膝直韧带都非常紧张，关节不能屈曲。膝盖骨外方脱位时，屈曲比较容易。当前十字韧带撕裂时，股骨滑车在屈曲时比伸展更向后突出。慢性时用X射线检查在关节囊壁上可看到钙化灶。半月状板撕裂时，在受伤后即发生剧痛，跛行明显，奶牛减负体重，做被动运动时可听到关节有单音的响声，但这种声响应与髋关节半脱位的声音相区别，后者常为双音，而且声音比较深沉。半月状板撕裂既可一侧单独发生，也可两后肢同时发生。牛的外侧半月状板发病较多，关节穿刺可能发现关节液中混有血液，约经3周后可在胫骨面出现糜烂面，屈曲或伸展时通过侧位X射线检查即可看到。怀疑膝关节侧韧带撕脱时，因关节松弛，做被动运动时，可听到关节面的撞击声。

(二十)髋部检查 奶牛髋部发病较多，围绕髋关节的疾病有挨伤、脱位、股骨和颈骨骨折等，可在配种、分娩、生产瘫痪、酮病、闭孔神经麻痹等情况下继发，但因髋股部肌肉丰满，髋关节深在，往往不易确诊，要注意从跛行程度、摩擦音的出现以及外形的改变而加以诊断。

检查时，一手抵髋结节作为支点，另一手从前上方向后下方反复触摸髋股部的每一部分，感觉有无温热、肿胀和疼痛。也可在关节周围用拇指进行压诊，观察大转子位置是否正常，摇动病肢是否出现疼痛，骨的钝性碰击音或骨断端摩擦音；观察两侧髋结节、荐结节、坐骨结节是否对称(必要时可用尺测量)；经直肠触摸髋骨是否错位、骨裂，以判定是否发生骨折；观察闭孔中有无股骨头，以确定是否发生髋关节内方脱位。做被动运动时，牛最好横卧保定，使病肢在上。把髋关节做屈曲、伸展、内收、外展等活动，从而感知髋关节的活动范围是否增大或朝某一方向运动时受到限制，有无骨断端摩擦音。

此外，也可一手抵于髋结节，另一手抵于坐骨端进行按压或让助手向外侧方推移牛体(或牵引病牛前进)以感知骨折断端的摩擦音。髋关节脱位时，局部肿胀，大转子位置变化明显，运动时有明显障碍，甚至不能起立。被动运动时，可听到碎裂音。如股骨头进入闭孔内，跛行不严重，但大转子位置变低，直肠检查可确诊。半脱位时，多为圆韧带断裂，运动时伴发“咔嗒”声。股骨头骨折时，转子位置也有改变，转动时活动性增大，有时可听到骨摩擦音。股二头肌转位时，转子前面有凹陷，股二头肌前方甚为紧张，患肢不能屈曲和伸展。

(二十一)股部检查　主要检查股四头肌、股后肌群和股骨。比较两侧股部肌群是否对称，臀肌、股四头肌、股二头肌等是否有肿胀、萎缩、疼痛、僵硬等现象。检查股骨时，可一手抵于可疑的骨折部，一手提握跖部做前后、内外的晃动，以查明是否有摩擦音和骨折断端。

(二十二)腰荐部和臀部检查　主要检查腰部肌肉、腰椎和脊髓的损伤。健康牛按腰均有塌腰反应，若脊柱两侧肌肉和脊髓发病，往往塌腰反应减弱或消失。用手指由前向后逐个按压腰椎、荐椎棘突，或用叩诊锤轻轻敲打，观察有无疼痛反应。腰椎骨折或脊髓挫伤时，尾下垂无力，后肢无法站立或在运步中摇晃，针刺损伤节段的后部反应迟钝。直肠检查时应注意腰椎和荐椎有无骨裂、是否发生错位。

四、全身检查

跛行诊断过程中一般并不需要全身检查，只有涉及到下述两方面问题时才进行。

一是跛行可能仅为某种疾病的一种表现，如在较短时间内相继出现较多的类似病牛，并具有地区性或流行性；没有外伤史的跛行，且有两肢以上同时发病；具有饮食欲，但反刍、排粪、排尿等异常的跛行。

二是已影响到全身的严重肢蹄病，且在治疗过程中必须掌握全身状况时，如深部或大面积的化脓性疾病（蜂窝织炎、深部化脓、化脓性骨髓炎等），有可能导致败血症时；广泛、深部创伤以及伴有脏器损伤，有可能发生休克、水和电解质代谢紊乱、大失血及肾衰竭等。

全身检查包括体格、营养、姿势、精神状态、被毛、可视黏膜、饮食欲、反刍、排尿、排粪以及体温、呼吸、脉搏、淋巴结等。这些内容在必要时应按内科疾病诊断的要求逐项进行，并配合实验室检验。

第三节 跛行诊断常用的辅助检查法

一、神经传导麻醉诊断法

神经传导麻醉的目的是使病患部位疼痛暂时消失，患肢恢复正常的运动和负重，根据所麻醉神经支配的区域，判断病患所在部位。神经传导麻醉应自下而上地分段进行。须特别指出的是，神经传导麻醉只是一种诊断手段，而不是治疗方法，所以在牛的疼痛因麻醉而消失以后，绝不可以认为病患已消除，而让牛正常地运动、负重，这会给牛造成更大的损伤，导致出现严重后果。

牛前肢腕关节以上和后肢跗关节以上，因肌肉强大，传导麻醉诊断多不确实，一般是在前肢腕关节以下和后肢跗关节以下应用有效。用2%～4%盐酸普鲁卡因注射液80～100毫升，在掌（跖）部和系部侧面做四点皮下环状封闭，经15～20分钟后，观察麻醉效果。先在系部注射，如跛行消失，病在注射部位以下；如跛行不消失，则在掌（趾）部注射，如跛行消失，病在两次注射点之间；如跛行不消失，病在第二次注射点以上。

(一)使用神经传导麻醉时的注意事项 进行神经传导麻醉的操作人员要熟悉局部的解剖结构，熟悉所要麻醉的神经干与周围肌肉、关节、韧带、骨骼等的相邻关系。在操作中，应准确地将局部麻醉剂注射于神经干的经路上，才能取得确实可靠的诊断结果。

进行神经传导麻醉检查时，肢的下部麻醉效果确实，上部神经来源较多，效果较差；注射后15～20分钟可进行检查，但不宜做快步和急转弯运动，以防意外；两次麻醉注射的间隔时间不应少于1小时。本法对疼痛性疾病所引起的跛行有诊断价值，对因机械障碍或神经麻痹发生的跛行则无效；有不全骨折、韧带和肌腱的不全断裂可疑时，忌用本法检查。

(二)四肢神经传导麻醉诊断的操作方法

1. 蹄麻醉 内侧或外侧蹄有病时，分别进行内侧或外侧蹄麻醉。整个蹄的四根指(趾)轴神经的麻醉部位均在蹄冠正上方，如以背中线为0°，四根轴神经分别约位于蹄冠弧的10°、90°、135°和170°位置处，前三根位于皮下，最后一根则在指(趾)间隙稍内方。对前、后两近指(趾)轴神经的麻醉，可在蹄冠弧的20°和160°位置处进针，插入皮下后分别向10°和170°处延伸，并注入较多的药液。对内侧或外侧的前、后两远指(趾)轴神经，则在蹄冠弧的前1/3处刺入，经皮下向后推进到后1/3处，边注射边退针，注射2%～4%盐酸普鲁卡因注射液1～3毫升，在135°和90°位置处注射较多的药液。若跛行消失，证明病变在蹄内侧或外侧。

2. 指(趾)间麻醉 在指(趾)间隙患病时进行，麻醉部位共有两处：一处位于指(趾)间隙的正上方，从背正中线的外侧进针，麻醉前近指(趾)轴神经；另一处位于悬蹄下方，在掌(跖)正中线稍内侧进针，麻醉后近指(趾)轴神经。注射2%～

4%盐酸普鲁卡因注射液3～5毫升，若跛行消失，证明病变在指（趾）间隙。

3. 指（趾）麻醉 可于系关节部外侧或内侧麻醉2根远指（趾）轴神经，其余2根近指（趾）轴神经在指（趾）间麻醉时已麻醉过。具体方法是：在系关节下的外侧或内侧中1/3处进针，沿皮下水平刺至悬蹄，边注射边退针，注射3%～5%盐酸普鲁卡因注射液5～6毫升，在悬蹄前方注射较多的药液，若跛行消失，证明病变在内侧或外侧指（趾）和蹄内。

4. 掌麻醉 系关节后方患病使用后方麻醉，系关节和系关节前方患病采用前方麻醉。掌部6根神经分别位于系关节正上方的内侧（2根）、外侧（2根）、掌侧（1根）和背侧（1根）。

（1）前方麻醉（背侧麻醉） 针由上向下刺入，深达筋膜，注射2%～4%盐酸普鲁卡因注射液10毫升，注射药液时再将针向左、向右变动方向，以麻醉此处的桡神经，若跛行消失，病变在系关节前方。

（2）后方麻醉 需内、外侧和掌同时进行。内、外侧的麻醉，针头都由上向下对悬韧带刺去，然后在韧带前方和后方的沟中注射2%～4%盐酸普鲁卡因注射液10毫升，将药液注入皮下和筋膜下，以麻醉外侧的两根尺神经、内侧的正中神经和桡神经的内侧支。麻醉掌侧时，在屈腱后方的一侧进针，经皮下刺向另一侧，注射2%～4%盐酸普鲁卡因注射液10毫升，将药液注入掌侧正中处的周围，以麻醉掌神经，若跛行消失，证明病变在系关节后方。

5. 腕上麻醉 按腕前、腕后的疾患分别进行，7根神经分别位于掌侧、内侧和前内侧。

（1）前方麻醉 在背正中线内侧腕上约一掌处，由上向下进针，通过前臂筋膜，注射2%～4%盐酸普鲁卡因注射液20

毫升。注射时变动针头位置，使药液呈扇形散布，但内侧要注射较多的药液，使桡神经和肌皮神经及其吻合支或总干都可得到麻醉。若跛行消失，证明病变在腕前方。

(2)后方麻醉　针在腕尺侧屈肌和腕尺侧伸肌之间的尺沟中稍向下刺入，注射2%～4%盐酸普鲁卡因注射液20毫升，将药液注入皮下、筋膜下和肌间。尺神经的两根终末支及其分布到屈腱的后支都可麻醉。麻醉正中神经时，在内侧面桡骨和腕桡侧屈肌之间的沟中进针，由下向上到达桡骨，边注射边退针，并在该点稍后方进行同样的注射，以确保正中神经腕上皮支得到麻醉。若跛行消失，证明病变在腕后方。

6. 前臂麻醉　按前臂部内、外侧病变，相应采用内、外侧麻醉。

(1)前臂外侧麻醉(桡神经麻醉)　在肩端与臂骨外上踝连线的中1/3与下1/3交界处下方2厘米，由后向前进针，注射2%～4%盐酸普鲁卡因注射液20毫升，边注射边退针，使药液分布于皮下和筋膜下。若跛行消失，证明病变在前臂外侧。

(2)前臂内侧麻醉　包括肌皮神经、尺神经和正中神经的麻醉。肌皮神经在肘下前内侧臂二头肌的肌沟内，由前方进针推向内侧，注射2%～4%盐酸普鲁卡因注射液20毫升，边退针边注射，使药液分布于皮下和筋膜下。尺神经在前臂内侧面上1/4的中部，在鹰嘴突下4～5厘米处由后向前下方进针，边注射边退针，使药液分布于皮下和筋膜下。正中神经在前臂内侧肘关节稍下方、桡骨和腕桡侧屈肌的沟中，在稍低于上述部位处由下向上进针，将药液注入筋膜下。若跛行消失，证明病变在桡部内侧。

对于前臂也可直接采用臂神经丛麻醉法，麻醉第六至第八颈神经和第一至第二胸神经的腹支，由于这些神经在第一肋骨中 1/3 处外侧通过，因此可在肩峰正前方 12～14 厘米处插入 16 厘米的 18 号针头，向后呈水平方向抵至第一肋骨外面，注入药液 10～15 毫升。拔出针头改换部位，用 10～15 毫升药液沿第一肋骨和此肋骨的起始部下方注射 6～8 厘米长的麻醉区域，注意不要将药液注入接近第一肋骨下 1/3 处的臂血管支内。15 分钟后可以使肘关节以下失去知觉。

7. 跖麻醉 按系关节前、后方的病变采用同一方位的麻醉，7 根神经分别位于系关节上方的外侧、内侧、掌侧和背侧。

(1)*前方麻醉* 为了避免损伤外侧隐神经的前支，由伸肌腱的内侧进针，刺入腱的浅面，注射药液于背中线处，然后将针稍退出再向腱的深面推进，使药液注射于跖骨背中沟处，麻醉腓浅神经和腓深神经。

(2)*后方麻醉* 操作方法与前肢掌麻醉相同。

8. 跗下麻醉 按前、后方的病变分别采用前、后方麻醉。6 根神经分别位于跗关节下方的外侧、内侧和前外侧。

(1)*前方醉麻* 在趾长伸肌腱和趾外侧伸肌腱之间的沟内，由下向上进针，注射 2%～4%盐酸普鲁卡因注射液 20 毫升，将药液注入皮下、筋膜下和跖骨上，麻醉腓浅、腓深神经，若跛行消失，证明病变在前方。

(2)*后方麻醉* 主要阻滞跖神经。对外侧跖神经的麻醉在深屈腱前方进针；内侧的跖神经在浅、深屈腱之间进针，针的角度几乎与神经平行，注射 2%～4%盐酸普鲁卡因注射液 20 毫升，在内、外两侧都把药液注于皮下和筋膜下，并在神经的稍前方也适当注入药液，以分别麻醉隐内、隐外神经的终末支。若跛行消失，证明病变在后方。

9. 跗上麻醉 按跗前部、跗后部的病变分别采用前方或后方麻醉。5 根神经分别位于跗关节的后外侧、后内侧和前外侧。

(1)前方麻醉　针头在前外侧，从下方刺入小腿的趾外侧伸肌和趾长伸肌间的沟内，注射2%～4%盐酸普鲁卡因注射液20毫升，药液注入皮下、筋膜下和沟内，以麻醉腓浅、腓深神经。若跛行消失，病变在前方。

(2)后方麻醉　麻醉隐外神经和胫神经。分别在跗关节内、外侧，在跟端上方一指宽处和跟腱的前方，由上向下进针直达跟端，注射2%～4%盐酸普鲁卡因注射液20毫升，使药液呈扇形分布于跗关节的凹陷处，在内侧还需向胫骨方向注射一些药液，以阻滞隐内神经的分支。若跛行消失，证明病变在后方。

10. 小腿麻醉　跟腱患病采用小腿低位麻醉，胫内侧患病采用小腿高位麻醉。3根神经分别在小腿上1/3处。

(1)低位麻醉　在小腿中部腓肠肌起始部的内、外侧，在跟腱前方由下向上进针，然后使针的方向平行于跟腱，注射2%～4%盐酸普鲁卡因注射液20毫升，把药液呈扇形注入，使其靠近跟腱与胫骨的周围、皮下和筋膜下，以麻醉隐外神经和胫神经。若跛行消失，证明病变在跟腱。

(2)高位麻醉　在膝关节内侧，胫骨内髁下缘水平进针，注射2%～4%盐酸普鲁卡因注射液20毫升，将药液沿5～10厘米的长度注入皮下和筋膜下，使隐内神经的3根重要分支都能得到麻醉。若跛行消失，病变在胫内侧。

11. 关节内麻醉　以2%～4%盐酸普鲁卡因注射液注入可疑的患病关节内，观察其跛行是否减轻，以确定是否有病。

12. 腱鞘与黏液囊内麻醉　用2%～4%盐酸普鲁卡因注射液注入腱鞘或黏液囊内，观察跛行是否减轻或消失，以确定是否有病。

直接将药液注入正常的腱鞘与黏液囊比较困难，当积有渗出液时较容易进行。通常应抽去较多的渗出液后再注入药液。一般每个腱鞘注入 20 毫升左右，黏液囊注入 50 毫升左右。

13. 病灶部封闭 用于引起跛行的可疑病部，如在硬的肿块或骨性增大的周围进行封闭等。

二、直肠检查

直肠检查在髋部疾病诊断上有着不可替代的特殊作用，因为髋骨外面的肌肉较厚，不易摸清骨的病变；骨盆内有许多器官和肌肉，发生病理变化时，也可引起后肢的功能障碍。对于骨盆骨骨折、髋关节脱位、腰椎和荐椎骨折等疾病，从外部检查很难确诊，可配合直肠检查，注意有无肿胀、疼痛、变形、骨摩擦音等异常变化。直肠检查时，可配合后肢的自动或被动运动，如诊断股骨脱位或髋骨骨折时，检查者的手伸入直肠内，按在被检部，让病牛慢慢走动，在触摸的同时观察局部活动的变化。

三、温热检查

对病肢的骨与韧带、腱、关节周围软组织之间的疾病进行鉴别诊断时，可采用温热检查法。本法主要是根据骨折后损伤的骨膜对温热刺激敏感性增强，其他组织的疾患则能缓解疼痛的原理进行的。如四肢下部可在 40℃～45℃热水中浸泡 15～20 分钟，上部疾病（如肩跛行时）可用酒醋疗法等进行。如牛发生肩跛行，为了鉴定是否发生肩胛骨的关节内骨折，在酒醋疗法后跛行加重以致三脚跳跃，应疑为关节内骨折。蹄骨骨折时，把病肢浸泡于热水中后跛行加重。

四、X 射线检查

跛行诊断时，X 射线检查对四肢疾病诊断有重要价值，而且对判断疾病的经过、预后和制订合理的治疗措施也有很大的帮助。对于骨折、骨裂、关节内骨折、骨赘、骨瘤、骨质疏松、骨坏死、骨髓炎等各种骨组织及关节炎、透创、关节畸形、关节脱位、软骨破坏等关节异常，通过 X 射线检查，能做出正确诊断。怀疑关节囊和腱鞘破裂时，可在所怀疑的关节囊和腱鞘内注射空气，然后用 X 射线诊断。如关节囊或腱鞘没有破裂，囊内可明显看到充满空气；如关节囊和腱鞘壁破裂，可见到空气进入皮下。

(一)各种骨骼疾病的基本 X 射线表现

1. 骨折 显示为清晰的黑色骨折线。骨折线在皮质部通常表现为整齐、清晰，在骨松质部则呈锯齿状。新发生的骨折无骨痂形成，也无骨质疏松现象，2 周后骨折线模糊，骨折部附近骨质疏松，4 周后出现新生骨痂，某些骨萎缩。

2. 骨质疏松 是指在一定单位中正常的钙化骨量减少。X 射线检查可见骨松质部骨小梁间的孔变得稀而大，骨骼密度降低，结构粗糙稀疏；密实的骨皮质呈稀疏成层以至变薄。

3. 骨质软化 是指骨结构钙化不足、骨骼失去硬度而软化。X 射线检查显示骨密度降低、骨结构稀疏，可见与软组织同浓度的阴影，负重长骨常呈弯曲状。纤维素性骨炎可看到骨质软化现象。

4. 骨质破坏 是指骨结构发生溶解并被吸收，病变常呈局灶性变化。X 射线检查表现为密度降低的缺损。皮质可限于内缘或外缘甚至完全消失，松质骨内发生密度降低区，其中骨小梁有不同程度的溶解消失。如骨结构完全消失，即形成透明的空腔。

5. 骨质硬化 指单位体积内骨量的增加。当新骨沉积于髓腔内时，松质骨变得均匀、密实，失去海绵状结构，髓腔变狭窄，沉积于骨外膜和骨内膜，皮质增厚。这种变化是一种代偿过程，一般在慢性经过时常见。

6. 骨膜炎 正常骨膜不能显示，只有在骨膜增生并开始骨化时（发生骨膜炎后 10～14 天）才能显示，这时通常也就表示着病变。X 射线检查表现为与骨皮质平行的一层或几层，有的则呈花边样或针形。

(二)关节疾患的基本 X 射线表现

1. 关节周围炎 为关节囊外层纤维组织的肿胀、增厚。X 射线表现为关节周围软组织阴影增大与模糊，如有钙盐沉积则关节周围出现浓度不等的斑点和阴影。

2. 关节内积液 表现为关节腔增大、关节间隙增宽。明显时可直接判断，轻度的需进行两侧同一部位对比。如软骨破坏，此增宽现象可被抵销，应予注意。

3. 关节破坏 早期只涉及覆盖的软骨，显示为关节间隙狭窄；如进一步延及软骨下骨质，显示出关节板和骨松质的缺损破坏；大量破坏时，发生半脱臼与畸形。

4. 关节强直 可分为骨性关节强直与纤维性关节强直 2 种。骨性关节强直的 X 射线表现为关节间隙狭窄或完全消失，并可见骨小梁的阴影连贯其间，称为关节愈着；纤维性关节强直的 X 射线表现为关节周围软组织增厚，但缺乏骨性关节强直的一些表现。

五、实验室检查

当怀疑关节、腱鞘、黏液囊有炎症时，可抽取其内容物检查色泽、黏稠度、氢离子浓度、细胞成分和各种蛋白质的含量等。

第四节 跛行的综合判断

经过上述检查后，对一些比较典型的肢蹄病已能做出正确的判断，尤其是容易确认病肢的重度跛行。因为此类跛行大多由全骨折、脱位、腱断裂、严重的关节损伤或急性化脓性疾病、神经全麻痹或急性蹄叶炎等引起，通常仅根据其特有的示病症状和局部检查即可确定病部、判定病性、建立诊断。但对一些慢性的、跛行轻微的、两肢以上同时发病的或一肢多处同时存在病患的病例，就需要有一个综合分析的过程，也就是集中所有材料，全力找出其突出的示病症状，通过论证诊断和鉴别诊断方法做出判断。

论证诊断法是将问诊、视诊和局部检查中所收集到的丰富材料，全面分析，反复研究，达到去伪存真、组合和条理化的目的，然后与某一疾病对照，如完全或基本一致，即可确定病名。

鉴别诊断法是将已经归纳、组合和条理化的真实材料，与病部有可能发生的多种疾病逐个对照、比较，并把与现症不符合的病逐个排除，最后留下一个与现症完全或基本一致的，即可初步做出诊断。

在奶牛肢蹄病的判断过程中，还应注意以下 6 个方面的关系。

第一，病变轻重与跛行程度是否一致。一般来说，重度跛行大多由骨折、脱位、腱断裂、神经全麻痹、化脓性关节炎、急性蜂窝织炎等引起。中度跛行大多由肌肉、关节、韧带、腱和腱鞘、蹄等的急性或亚急性炎症引起。轻度跛行病程短的仅为轻度损伤，病程长者大多为慢性经过。

第二，病的新旧与病程是否一致。新发生的疾病病程短，多呈急性状态；陈旧病例则相反。

第三，发病组织的种类与跛行种类是否一致。如蹄、韧带、屈腱和腱鞘、关节、骨等支柱器官的病变大多呈支跛或支混跛；神经、肌肉、皮下组织等组织的病变，大多为运跛或运混跛。

第四，现存症状与产生的跛行程度是否一致。局部变化有的再明显也不一定能引起跛行，如腕前黏液囊炎虽然严重，但一般没有跛行；又如牛冈上肌、冈下肌萎缩和中度以上的支混跛，常可能是肩跛行，不能认为肌肉萎缩便是跛行的原因。

第五，现存症状和病史是否一致。如跛行发生才数日，检查前肢发现掌骨瘤，则跛行的原因决非由掌骨瘤引起。

第六，跛行与全身变化是否一致。轻度跛行不会影响全身变化，两者间的关系应该是相应的，如有全身症状的轻度跛行，又查不到病部时，应该考虑是否由内科病、产科病、传染病或寄生虫病等引起。

在判断过程中，上述的分析仅仅是基本的、初步的，正确与否尚需通过治疗来验证。

因此，必须把诊断—治疗—再诊断贯穿始终，才能对肢蹄病的认识不断深化，提高确诊率。

第二章　奶牛的四肢疾病

第一节　关节疾病

一、关节捩伤

关节捩伤又称关节扭伤或捻挫，是关节受到间接外力作用，瞬间过度伸展、屈曲或扭转，超出了生理限度，致使关节发生暂时性脱位，外力消失后，借助关节韧带和周围腱的作用又恢复原位，使关节囊和韧带等组织的纤维受到强烈牵引而部分断裂或全断裂所引起的关节疾病。损害的严重程度取决于扭伤的轻重，韧带可能只是少数纤维断裂或完全断裂，韧带中以侧韧带断裂为多见，重度扭伤还可伴发邻近肌肉或腱的牵张、撕裂以及关节软骨、骨骺的损伤。关节韧带附着部的骨膜纤维层发生撕裂时，往往引起骨质的赘生。捩伤的主要部位可能在前方、侧方、后方，但片刻后炎症扩散就难以确定罹患的主要部位。关节捩伤在奶牛多发生于系关节、冠关节、跗关节和膝关节。

(一)病因　奶牛的关节捩伤多由间接外力作用所致，如滑走、踏着不实、失足跌倒、跳跃闪扭、急转弯以及误踏沟坑等。

(二)症状　关节捩伤后即出现跛行。四肢下部关节捩伤，可出现典型的支跛症状，牛站立时患肢不敢负重，或虚踏地面；四肢上部关节捩伤，可出现以支跛症状为主的混合跛行，在牛行走时，患肢既不敢负重，提举伸扬也不灵活；捩伤严重的则可出现牛提悬患肢跳跃前行，站立时患肢向前方或外方伸出。

受伤的关节出现肿胀、增温、疼痛，关节的轮廓亦因肿胀而变得不清晰。触诊时，牛疼痛敏感，尤其在按压受损伤的韧带，或对关节做被动运动时，可检查出受伤的具体部位。

关节捩伤按捩伤的程度分为以下 3 种。

第一，轻度捩伤。一般无外观症状，受伤后仅出现轻度支跛，往往于行走数步后即消失，并不再复发。

第二，中度捩伤。原发性疼痛及因疼痛引起的跛行亦迅速消失，但经过 12～24 小时，因患部发生炎症，跛行又重新出现并且加重。站立时患肢稍屈曲，减少负重。运动时呈轻度或中度跛行。触诊患部有热、痛，并有轻微肿胀。压迫关节侧韧带的经路特别是侧韧带的起止部时，可出现明显的压痛点。进行关节被动运动时，当运动的方向使受伤韧带紧张时出现疼痛反应。但这些症状在四肢上部关节因为有厚层肌肉覆盖而不明显。

第三，重度捩伤。受伤后立即出现功能障碍，站立时患肢用蹄尖轻轻接触地面或提举免负体重。运动时，呈中度或重度跛行。由于关节韧带、关节囊和关节周围组织受伤严重，触诊时呈现热、痛、肿，被动运动时疼痛明显。有的病例当被动地将受伤关节向一侧活动时，可感知关节的活动范围增大，甚至可听到骨端的钝性撞击音，这是关节韧带断裂的指征。

1. 系关节捩伤的症状 系关节捩伤较多发。轻度捩伤时，于系关节内、外侧韧带经路上有压痛反应，呈轻度支跛。中度捩伤，站立时系关节屈曲，系部直立，用蹄尖轻轻着地或患肢提屈悬垂；运步时，系关节屈伸不全，以蹄尖点地前进，呈中度支跛或支混跛。重度捩伤不仅损伤韧带和腱，还常损伤关节囊，呈三肢跳跃的重度跛行。

触诊系关节内、外侧韧带，疼痛剧烈，肿胀明显。

被动运动时，尤其是做回转运动时，疼痛反应明显。如得不到及时、合理的治疗，常继发浆液性系关节炎或慢性化骨性系关节周围炎。

2. 冠关节捩伤的症状 也较多发，损伤组织常为关节侧韧带和掌侧韧带，临床特征与系关节捩伤基本相同。站立时，患肢指（趾）关节呈半屈曲状态，以蹄尖着地或患肢悬垂而不负重。触诊时，侧韧带径路有明显的热、肿、痛，还应注意掌侧韧带有无疼痛反应。被动运动时，如掌侧韧带也受损伤，则不仅回转运动疼痛反应剧烈，屈伸运动时也会出现疼痛。运动时呈现中度或重度支跛。

3. 跗关节捩伤的症状 常损伤内、外侧韧带和短韧带，有时还伤及跗前韧带或列间韧带。站立时跗关节显著屈曲，蹄尖着地。运动时跗关节伸展受限制，呈明显的轻度或中度支混跛。触诊受伤韧带时呈现明显的热、肿、痛反应。被动运动时屈曲、伸展，尤其是回转时，疼痛反应明显。常继发浆液性跗关节炎、变形性关节炎或跗关节周围炎。

4. 膝关节捩伤的症状 虽然两关节可同时遭到捩伤，但多发生于股膝关节，常损伤股胫关节的内侧韧带。站立时膝、跗关节屈曲，稍前伸，以蹄尖着地。严重的或慢性的常以蹄前壁着地或提举患肢免负体重。运步时提举、前进困难，踏地时疼痛，呈轻度或中度混合跛行。在提举和踏地时常突然向上抖动一下，为本病的特点。初运步时蹄尖着地，后方短步为支跛，行走一阵后蹄底能踏平，呈前方短步以运跛为主的混合跛。触诊受伤韧带可发现明显的疼痛反应，被动地将患肢外展时疼痛反应明显。

5. 肩关节捩伤的症状 常由滑跌时肩关节受到突然过度牵张后引起，多伴有关节周围组织的损伤。虽能把蹄放平，但轻置于地，可轻易提起病肢。运步时常把重心倾向健侧肢，然后提举病肢，呈摇摆状，肩关节开张角度较小，呈束缚样，运步时呈轻度或中度支混跛。触诊肩关节周围有疼痛反应，尤其在被动运动将关节旋动时更为明显。慢性肩关节捩伤没有皮肤擦伤、血肿、淋巴外渗等变化，肩关节畸形，肩部肌肉萎缩。

(三)诊断 关节捩伤的奶牛轻者伤后出现轻微跛行，一般行走数步后消失，且不再复发。中度者呈轻度或中度跛行，常随运动减轻或消失，但经1天左右患部发炎而有微肿和热痛，跛行重新出现；关节侧韧带的径路上有压痛点，被动运动有疼痛反应。重度者患部热、痛、肿显著，触诊有波动，站立时蹄尖轻轻着地或患肢悬垂，多呈三肢跳跃前进。转为慢性者局部肿胀变为坚实或坚硬，被动运动关节不灵活。对损伤程度和性质判断有困难时，可用X射线检查确诊。

关节捩伤和挫伤的症状虽较相似，但也有不同之处。关节挫伤常由钝性外力直接作用到关节周围组织时引起，溢血较多，但疼痛和跛行较关节捩伤为轻；关节捩伤常因间接暴力引起，关节部皮肤和被毛无受伤痕迹，且具有典型的疼痛点，以此可与关节挫伤相区别。

(四)防治 首先应让病牛安静休息，防止关节活动。治疗原则主要是制止溢血，促进吸收，镇痛消炎，舒筋活血，预防关节粘连，恢复关节的正常功能。

1. 使关节休息和制止出血 于患部放数层棉垫或纱布块，紧贴关节周围以均等压力缠缚绷带，借以达到止血和限制关节活动的目的。在病初可短时间局部涂敷复方醋酸铅散，每隔 2～3 小时用冷水灌注绷带，或用 2%～4%明矾溶液冷敷，可使炎症在 1～2 天内消退，必要时可注射加速血液凝固的药物，如静脉注射 10%氯化钙溶液 150～200 毫升、肌内注射维生素 K_3 注射液 10～30 毫升，也可肌内或皮下注射凝血质 150 毫克。若配合 0.5%盐酸普鲁卡因青霉素注射液对关节周围进行封闭注射，疗效更好。内服消炎痛、炎痛喜康片等药物也有一定的治疗作用。

2. 促进吸收 急性炎症缓和后，经上述治疗 2 天后仍不见好转时，为促进渗出物的吸收，可局部改用温热疗法。具体方法是：用荆芥 50 克，防风 50 克，伸筋草 100 克，透骨草 100 克，加水 5 000～7 000 毫升，煎开后烫洗局部，每次烫洗 20 分钟，每服药可反复使用 3～4 次。也可外敷白及膏（中药白及碾成粉，加食醋熬成膏，敷于患部，外加绷带），每日 2 次，每次 1～2 小时。也可用酒精热绷带、超声波疗法、透热疗法、氦-氖激光、特定电磁波（TDP）患部照射。如关节腔内蓄积多量血液或渗出液不能吸收时，可在无菌操作下进行关节穿刺排出腔内血液和渗出液，再缠以压迫绷带保护。也可以于患部调敷中药四三一散剂（大黄 4 份、雄黄 3 份、冰片 1 份共研细末，蛋清调敷）。

3. 镇痛消炎 静脉注射安其卡鲁林注射液 100 毫升或肌内注射 30%安乃近 20 毫升、安痛定 20～50 毫升。患部涂布醋调制的复方醋酸铅散疗效甚佳。患部涂搽轻度皮肤刺激剂如 10%樟脑酒精或碘酊樟脑酒精合剂（5%碘酊 20 毫升、10%樟脑酒精 80 毫升）疗效也较好。皮下注射氢化可的松 100 毫克，配合抗生素疗法，也有良效。

4. 舒筋活血 外敷中药扭伤散（桃仁、杏仁、红花、栀子各等份，共为细末，用白酒或食醋调敷，每隔 1～2 日使用 1

次)。也可内服中药跛行散(当归、乳香、没药、土鳖、醋炙自然铜、地龙、大黄、血竭、胆南星各 25 克,红花、骨碎补、甘草各 20 克,共研为末,黄酒 250 毫升为引,开水冲服),并选择相关穴位针灸治疗。

当疼痛减轻时为了加速血液和渗出物的吸收,促进血液循环与预防肌肉萎缩,避免关节功能障碍,可对患病关节进行按摩,或做牵遛运动。

对怀疑有韧带撕裂或关节囊、骨、软骨损伤的病例,可局部安装夹板或石膏绷带,30 天左右拆除。有韧带断裂或关节内骨折可疑时,则于冷却疗法后,安装制动的石膏绷带或夹板绷带。极为重要的是一定要使韧带或肌腱的断端相接近时才将关节固定,可防止病势增重,促使损伤部形成暂时坚实的瘢痕,这样可得到较快的治愈。而后应用石蜡疗法、按摩和牵遛运动,促使功能恢复。注意以上方法不能过早应用,否则会影响疾病痊愈,甚至引起损伤的复发,导致关节囊发生永久性功能衰弱和慢性骨膜炎。

转为慢性且跛行持久时,可试用局部涂擦强刺激剂,如碘樟脑醚合剂(碘片 20 克,95%酒精 100 毫升,乙醚 60 毫升,精制樟脑 20 克,薄荷脑 3 克,蓖麻油 25 毫升)、碘樟脑软膏等,在患部涂擦 5~10 分钟,每日 1 次,连用 3~5 次。或用烧烙法,并局部注射强的松龙、醋酸可的松等药物,也有一定的治疗效果。

二、关节挫伤

关节挫伤是一种常发肢蹄病,主要是由直接外力作用所引起的关节部非开放性损伤。关节挫伤时,关节内发生溢血,关节囊纤维层受到破坏。重度的关节挫伤,可发生关节血肿、关节软骨破裂、骨骺骨折等。本病多见于肘关节、腕关节、系关节、肩关节和膝关节。

(一)病因 多因直接暴力而引起皮下软组织损伤，如对关节的打击、冲撞、跌倒、轧压等都可发生关节挫伤。

(二)症状 轻度关节挫伤，病牛站立时一般无明显异常，仔细观察可在受伤部的皮肤上发现致伤的痕迹，如被毛逆乱或脱落。触诊患部可出现疼痛反应，热、肿常不甚明显，运动时呈轻度跛行，关节被动运动时出现疼痛反应。重度关节挫伤，病牛站立时患病关节呈半屈曲状态，以蹄尖轻轻着地，减负体重，病部有明显的被毛逆乱，甚至擦伤，上面附有大量脱落的被毛和尘土。触诊患部时，有明显的紧张和热、痛、肿反应，运动时关节活动程度严重受限，呈中度或重度跛行。挫伤时的肿胀主要是由关节周围组织和关节腔内出血而引起，损伤越重则出血越快而多，临床上反映出肿胀发展的速度较快，肿胀严重。关节周围组织出血的肿胀，触诊呈坚实样硬度。关节内血肿时则关节囊紧张、膨胀，关节外形发生变化，触诊有波动，当滑膜面存有血块时还可出现捻发音。穿刺可流出血液，如并发关节内骨折时，血液中常带有极微小的脂肪球，被动运动时疼痛明显，运动时呈重度跛行。

1. 腕关节挫伤的症状 常因前肢软弱和异常肢势，导致患肢失蹄使腕关节与地面相撞或与其他器物如饲槽等相撞击而引起，故多为腕部前面的损伤，其症状随损伤的程度和性质而异。第一度挫伤时，损伤的皮肤和皮下组织仅有轻微肿胀与温度微增高，因此常不被人们注意。第二度挫伤时出现肿胀，且由于血液从破损血管流入皮下而迅速增大，呈现一度跛行。重症时伤及腱、黏液囊和骨，站立时可见腕关节背侧皮肤与泥沙、被毛结成痂皮，腕关节稍屈曲，减负体重，运动时呈轻度至中度混合跛行，触诊时可发现有波动的热痛性肿胀，其大小和肿胀情况由于渗出物的性质不同而不同。如为血肿则呈现局限性波动的肿胀，但腕关节周围组织内溢血时呈局限性稍坚实样硬度；腕关节内血肿时，于腕间上囊压诊点可出现柔软有波动的肿胀；淋巴外渗一般要经一昼夜后才呈现肿胀，肿胀亦柔软有波动；黏液囊炎时其肿胀的位置在腕关节的前下方；如伴发腕骨骨折则呈高度跛行，如发生感染则腕关节高度增温、肿胀、疼痛并伴有高度跛行。

2. 肘关节挫伤的症状　多由钝性物体从侧面直接打击引起，因此常发生于关节的外侧。肘关节急性挫伤，病牛站立时患肢呈弛缓半屈曲状态，以蹄尖着地。触诊患部时有疼痛性肿胀，这种肿胀第二天可达高峰，因而使关节轮廓消失，被动运动时关节的屈伸都有困难，而一旦发生滑膜炎，关节囊即肿胀，运动时有明显的功能障碍，呈中度混合跛行。如发生感染可引起化脓性关节炎。

3. 系关节挫伤的症状　当重度挫伤时，伤部常有被挫痕迹，关节部可立即出现疼痛性肿胀，经 20～30 小时达到高峰。站立时，患病关节呈半屈曲状态，以蹄尖轻轻着地以减负体重，有时则完全不能负重。触诊患部有明显的热、肿、痛，被动运动时，出现疼痛反应，运动时呈中度或重度跛行。当轻度挫伤时，出现轻度的肿胀或疼痛，跛行也轻。当挫伤引起关节腔内重度出血时，立即出现跛行，这种跛行在最初 2～3 小时内随着关节内出血的程度而增重，此时于系关节后上方、悬韧带的前方可摸到柔软有波动的肿胀，穿刺有血液流出。随后可发生关节旁及关节周围组织的炎性疼痛性肿胀，局部温度增高，有时还可发生短时的体温升高。

4. 肩关节挫伤的症状　常由于跌倒或钝性物体打击而引起，由于其关节囊与关节端的周围有很厚的肌肉层，故挫伤时较少受损伤。当重度挫伤时，关节部立即出现疼痛性肿胀，经20～30小时达到高峰，病牛站立时常将肩关节开张，并使患肢伸向前方，以蹄尖壁轻轻着地，有时则完全不用患肢负重。触诊时，肩端或肩关节外侧面有明显的热、肿、痛反应，被动运动时有明显的疼痛反应。运动时呈中度或重度跛行。轻度挫伤时，呈现关节部轻度肿胀、轻度跛行和中度疼痛。

5. 膝关节挫伤的症状 以膝关节前面和侧面的挫伤较多见。有时膝前黏液囊和关节韧带也受损伤，站立时患肢呈屈曲状态，触诊时有局限性疼痛、温热、波动或捏粉状硬固的组织肿胀，被动运动有疼痛反应，运动时呈中度混合跛行，患肢的功能障碍在病初甚为显著。在挫伤处损伤大血管时，则出现血肿，而当侵入病原菌时可发生蜂窝织炎。

（三）诊断 根据直接损伤的病因、疾病的突然发生和临床特征一般可做出诊断。关节捩伤时患部疼痛剧烈，病牛不肯运动，被动运动检查时，凡能使韧带受到牵拉运动的都可使关节损伤的疼痛加重；关节挫伤时不论向任何方向移动（屈曲、伸展、外转、内转）几乎都有疼痛，此为两者不同之处。由于关节周围软组织和关节内的出血和渗出，患部出现不同程度的温热和肿胀。关节捩伤的肿胀以韧带损伤部最明显，但也能波及关节周围；而关节挫伤时则整个关节都肿胀。

为了确诊和排除关节内骨骺骨裂的可能，必须做X射线检查。

（四）防治 本病的防治基本与软组织挫伤相同。由于挫伤常伴发皮肤擦伤导致不洁创，因此首先应做好创围和创面的清洁消毒以防止感染。在重度挫伤急性阶段的早期，重要的是制止肿胀和疼痛，一般用冷疗解除疼痛，用制动或弹性的加压绷带治疗肿胀。当肿胀和疼痛减轻时可局部按摩和逐渐增加运动。如果好转不明显，应采用X射线照相以检查有无骨的损伤。

1. 制止溢血 装着压迫绷带或于伤后1～2天内冷敷，以制止溢血和炎症的发展，必要时注射止血药物，如10％氯化钙、凝血质、安络血、维生素K_3注射液等。

2. 促进吸收 急性炎症缓和后，应用温热疗法，如温敷法和按摩等，以促进溢血的吸收和炎症的消散。如关节腔内积聚的血液不能被吸收，可在无菌操作下进行关节穿刺排出腔内血液和渗出液，再缠以压迫绷带予以保护。也可于患部涂搽10％樟脑酒精、复方醋酸铅散等。

3. 镇痛消炎 肌内注射安乃近、安痛定、镇跛痛（康母郎）等，也可肌内注射复方氨基比林注射液20～40毫升，每日1次，连用4～5天。关节周围可注射醋酸可的松和青霉素等。

4. 中药疗法 可采用舒筋活血、止痛消炎的中药。

（1）跛行散 当归、乳香、没药、地鳖虫、煅自然铜、地龙、大黄、血竭、制南星各25克，红花、骨碎补、甘草各20克（前肢痛加桂枝、川续断各25克，后肢痛加杜仲、牛膝各25克），共研为末，以黄酒250毫升为引，开水冲调，一次内服。

（2）大黄消炎散 大黄、白及、川椒各3份，白矾2份，共研为细末，用水或醋等调敷患部。

亦可用乳香、没药、归尾、丹皮、地鳖虫、伸筋草、升麻、独活各62克，赤芍、桂枝各93克，红花30克，续断124克，水煎2次，混合煎液候温灌服。

5. 针灸疗法 前肢关节挫伤可选择中膊、中腕、追风、寸子、涌泉、八字等穴；后肢关节挫伤可选择大胯、小胯、承山、后通膊、掠草、大转、百会、肾堂等穴，进行针刺或应用水针疗法。

采用穴位注射时，前肢选用抢风穴，后肢选用百会穴。药物可选用0.5%～1%盐酸普鲁卡因注射液30～50毫升，加青霉素20万～40万单位；或10%葡萄糖注射液10～20毫升，加等量0.5%～1%盐酸普鲁卡因注射液。每隔1～2日使用1次，连用3～4次为1个疗程。

当局部炎症转为慢性时，患部可以涂搽刺激性搽剂和软膏，如碘樟脑醚合剂、四三一合剂、雄黄软膏、5%碘软膏等，也可采用烧烙法治疗。

关节韧带断裂，特别是有关节内骨折可疑时，应用夹板或石膏绷带固定。

三、关节脱位

由外力或其他原因使关节骨端的正常结合被破坏而出现移位，并且不能自行复原的称为关节脱位，又称脱臼。常发生在系关节、膝关节、髋关节、肩关节和荐髂关节。脱位可伤及关节囊、韧带、血管、神经等，有时还伴有骨折。根据脱位程度可分为全脱位和不全脱位，前者为相对的两关节面彼此完全不接触，后者其关节面尚有部分的接触。按关节脱位的方向分为前方、后方、侧方和上方脱位。凡多次反复脱位的称为习惯性脱位。

（一）病　因

1. 系关节脱位（系关节脱位）的病因　在关节脱位中较常见，根据损伤的严重程度，关节可开放和受到污染，并常伴发副韧带、关节囊的撕裂或碎片骨折。系关节脱位的原因与系关节挫伤相似，但较剧烈。

2. 膝关节脱位的病因　膝盖骨由囊状韧带、内外两条横韧带、内中外三条膝直韧带以及股四头肌所固定，一旦这些肌肉和韧带发生弛缓或断裂，导致膝盖骨从股骨滑车处向上、向外或向内脱位，其中以上方脱位最为多见，其他方向的脱位在牛罕见，如关节面仍保持部分接触时，称为半脱位。有的牛经常出现脱位，脱位后可自然复位，这种脱位称为习惯性脱位。关节脱位一般是后天性的，但也有先天性脱位的，奶牛一般发病较少。

膝关节脱位一般认为与遗传有关，肢的结构不良、胫骨过长、后肢过直、股四头肌痉挛以及膝直韧带松弛等都是导致本病的因素。另外，在受到暴力打击时也可发生。

直接引起本病的原因是滑走、坠落、跳跃、竖立、撞击等致使膝直韧带伸张，同时股四头肌强力收缩，引起膝盖骨向上脱位，膝盖骨移位到内滑车嵴顶端，并被膝内直韧带的张力支持和固定，膝盖骨下缘牢固地嵌在股骨内滑车嵴上缘，使膝盖骨不能自由降下。

创伤等可引起膝内直韧带或膝内侧韧带和十字韧带剧伸、弛缓或断裂，严重的慢性关节炎可引起膝盖骨向外脱出，形成向外脱位，这是引起成年牛关节脱位最常见的原因。在犊牛向外脱位多为先天性的，可能是一侧脱位，也可能是两侧脱位；可能是完全和持久性脱位，也可能是部分和间歇性脱位。某些品种的牛易发本病，而先天性的膝盖骨向外脱位与股骨滑车嵴和有关韧带结构发育不良有关。

3. 髋关节脱位（脱胯）的病因 由于牛的髋臼较浅，股骨头呈球状，其颈粗大，曲度半径较小，圆韧带又不如其他大家畜的坚实，因此本病较为多发，有时与股骨颈骨折合并发生。根据股骨头脱出的方向不同，分为前方脱位、后方脱位、内方脱位、闭孔内脱位、上外方脱位等。

最常造成本病的原因是外伤性因素，如滑倒、跌倒、碰撞等，特别是摔倒时两后肢叉开更易发生髋关节脱位。保定时后肢转位不合理，发情牛爬跨、追逐，没有助产的分娩，后肢共济失调，奶牛爬卧综合征，产后闭孔神经损伤等，都易引起本病。奶牛长期拴系舍饲、缺乏运动、患有骨质疏松症等也常为导致本病发生的因素。

髋关节脱位常为一侧性的，多发于 2～5 岁的牛，但更年轻的牛也有发生的报道。

4. 肩关节脱位的病因 肩关节脱位在奶牛发生比较少。通常由于跌倒时，四肢压在身下，特别是前肢过度屈曲时，容易造成肩关节脱位。严重的肩部损伤也可并发肩关节脱位。

5. 荐髂关节脱位的病因 荐髂关节面部分或完全分离称为荐髂关节脱位。髂骨和荐骨的关节面粗糙，彼此连接很紧密，几乎不能活动，但在妊娠后期活动性增加，因此难产和不合理助产，特别是胎儿过大时助产，容易引起荐髂关节脱位。妊娠牛起立时，用力过猛或过度运动也可引起本病。

(二)症状 关节脱位有以下共同症状：一是关节变形。因关节骨端改变了位置，使关节失去原有的形状，在正常时应出现隆起的部位却形成凹陷，不隆起处却因脱位关节骨端向外突出而出现隆起。关节变形在浅在性关节表现明显，若关节位置较深并被厚层肌肉所覆盖或脱位时周围组织被严重损伤而剧烈肿胀时，关节变形不明显。二是异常固定。关节脱位后因受未撕裂的肌肉、韧带的牵张而使两骨端固定于异常位置，随之出现异常肢势。对该关节进行被动运动时，仍可轻微活动，但有弹性阻力，被动运动停止后，患肢又恢复原有的特殊位置，故又称弹性固定。三是肢势改变。关节脱位后，由于患肢的轴线发生变化，与健肢对比，不相对称，主要是患肢的短缩或伸长。一般不全脱位时病肢延长，全脱位时病肢缩短。同时，在脱位关节以下的肢势发生改变，病肢出现内收、外展、内旋、外旋、屈曲、伸张等异常姿势。四是关节肿胀。由于关节周围组织受到破坏，因出血、形成血肿以及剧烈的局部急性炎症反应，引起关节的肿胀。五是功能障碍。常在受伤后立即出现。由于疼痛和骨端移位，使病肢免负体重和运动功能发生不同程度的障碍，严重者运步困难，呈现高度的混合跛行。

在复杂脱位时，除上述症状外，常并发其他组织损伤，出现软组织肿胀、创伤以及其他一些症状。例如，血管破裂时，患部溢血肿胀；神经被压迫或断裂时，患部远端的感觉和运动出现障碍；关节脱位并发骨折时，有骨折症状，称为脱位骨折。

1. 系关节脱位(系关节脱位)的症状 全脱位时，常呈异常固定姿势，并伴有患病关节的过度屈曲或伸张。病肢不敢负重，呈三肢跳跃前进。不全脱位时呈显著支跛，系关节外形改变，随后出现明显的肿胀。触诊可摸到关节骨端的畸形，关节活动受到限制，关节腔内溢血，皮肤有损伤。这种脱位在整复时常常拉回原位又能滑脱，反复多次，而一旦复位，其疼痛的程度要比骨折复位轻得多。同时，整复时可听到骨端有类似撞击的钝性声音，关节周围的组织没有骨折样肿胀(即使数天未能确诊时，也仅能见到轻度肿胀)，据此可与该部位的骨折相区别。必须注意，犊牛的掌或跖远端的骨骺骨折易与本病相混淆，前者发生的概率往往较高。

2. 膝关节脱位的症状 因脱位的部位不同表现不同症状。

(1)*上方脱位* 膝盖骨向上脱位较多见，有的牛发生于妊娠后期。膝盖骨转位于股骨内侧滑车嵴上端，被膝内直韧带的张力所固定，不能自行复位，使膝关节固定呈伸展状态。病初，在驱赶或强行牵行时可听到“咔嗒”声，膝盖骨可突然滑下而自行复位，但病久则多数稽留不能自行复位。站立时，患肢膝关节和跗关节高度向后伸直,不能屈曲,人为屈曲也不可能。运步时,拖着患肢前进,不能伸出,同时高度向外展,或以蹄尖划地,或根本不能着地,呈现三肢跳跃。触诊时可发现膝盖骨向上方转位和膝内直韧带过度紧张。牛常发生习惯性膝盖骨上方脱位。

(2)外方脱位　膝盖骨向外脱位很少见。发生外方脱位时,因股四头肌的功能被破坏,患肢站立时膝关节和跗关节屈曲,患肢保持向前挺出状态,并可轻轻以蹄尖着地。运步时,患肢着地瞬间除髋关节外所有关节皆高度屈曲,呈曲型支跛,不能负重。两侧膝盖骨向外脱位时,病牛通常不能站立,人为帮助站立时,两后肢呈蹲伏状态。触诊膝盖骨发现其移位到滑车外侧,原来膝盖骨的位置出现凹陷,同时膝直韧带向上、向外倾斜。

(3)内方脱位　膝盖骨向内脱位的症状与向外脱位类似,触诊时,膝盖骨脱至股骨滑车内侧,股骨内滑车嵴大而隆突。

3. 髋关节脱位(脱胯)的症状　髋关节脱位绝大多数情况下是股骨头移向前上方,主要有以下几种情况。

(1)前方脱位　股骨头转位于髂骨的前面。站立时病肢短缩,股骨几乎呈直立状态,此时患肢外展,蹄尖向外,跟结节向内。患侧股部下沉,大转子明显地向前外方突出,运动时病牛呈三肢跳跃,患肢向后伸张拖曳前进,呈高度混合跛行。

(2)后方脱位　股骨头转位于坐骨外侧支的下方。站立时患肢外展,比对侧健肢长,患侧臀部皮肤紧张,股二头肌前方出现凹陷沟,大转子处凹陷。运动时表现与前方脱位相同。

(3)内方脱位　股骨头转位于耻骨横支下面。站立时患肢短缩，髋关节上方凹陷，膝关节部的皮肤形成皱襞。患肢外展，而内收阻力很大。被动运动时，患肢外展自由，内收不完全。运动时患肢不能负重，拖曳前进并向外划弧，呈混合跛行。

(4)上外方脱位　比较常见，此时股骨头转位于髋臼的上外方。站立时病肢短缩，股骨垂直，呈内收和伸展肢势，蹄尖朝向前外方，患肢的跗关节高于对侧肢跗关节，髋关节变形，大转子向上方突出。运动时患肢拖曳前进并向外划大弧，呈混合跛行。

(5)闭孔内脱位　股骨头落于闭孔内。站立时患肢短缩，被动运动时可自由地内、外转动，运动时拖曳而行，不能负重，直肠检查在闭孔内可发现转位的股骨头。很易继发闭孔神经麻痹。

4. 肩关节脱位的症状　站立时，可见肩关节轮廓变形，肩关节部出现凹陷，空隙较大，肢外展并短缩，患肢伸向前方，以蹄尖着地，免负体重。运步时，有明显跛行。触诊局部时病牛有疼痛反应。

5. 荐髂关节脱位的症状　常发生于分娩后。站立时，趾关节屈曲，减负体重。病牛喜欢躺卧。视诊时可见髂骨荐结节突出，背下沉，荐椎棘突下陷。运步时，可见后躯活动不自然。发病当天，触诊局部时有轻微疼痛。直肠检查在严重脱位时可以确诊。

严重的病例由于脊索受损伤，可出现后肢麻痹现象。

(三)诊断　根据上述症状，同时与对侧肢进行比较，除了被覆厚层肌肉的髋关节外，一般关节脱位不难做出诊断。但是，当关节肿胀严重时，诊断较为困难，可借助 X 射线检查做出准确诊断。

在关节脱位的诊断中应注意与关节部骨折相区别。一般关节脱位时出现明显的异常固定，而关节部骨折时出现明显的异常运动。关节脱位时进行被动运动出现弹性抵抗，而在关节部骨折有时出现骨摩擦音。关节脱位触诊时可触到移位的关节骨端，在关节部骨折有时可触到骨折断端。关节部骨折的功能障碍比关节脱位更严重。

(四)防治 预防关节脱位应加强管理，尽量使牛舍地面不过于光滑。

治疗原则包括以下几方面内容。

一是及早整复。对新发生的关节脱位应尽量做到早期闭合性复位，效果较好，拖延越久整复越困难。整复前采用全身麻醉、关节腔内麻醉或传导麻醉，以减少肌肉、韧带的张力和疼痛引起的抵抗。通常都在横卧保定下进行。整复应根据关节的解剖构造和脱位的具体情况，按照欲合先离的原则，把脱位关节的上、下两部分别用绳扣紧，摆正肢势(按蹄尖或跟骨头定向)，在与关节同一水平上均匀用力牵拉，在手的直接触摸下把错位的骨端拉开，用推、按、揣、揉、拉、提等手法把脱出关节囊的骨端纳回原位。整复的标志是：当骨端纳入关节窝的一瞬间出现"噼啪"声，随即关节外形、自动和被动运动均恢复，触诊时对位良好。髋关节脱位被整复后两后肢等长。对关节周围撕脱性骨折的病例，可在关节整复时随同复位，不需特殊治疗，复位后应将关节固定在不易脱位的位置。

二是确实固定。整复后应立即固定，以防止重复脱位。可根据关节部位的特点采用不同的固定方法。下部关节可应用石膏绷带或夹板绷带固定，装着时间为 3 周左右。绷带拆除后，应适当牵遛，以便恢复功能。对上部关节装着石膏绷带有困难的，可包扎布绷带或限制其运动，包括人为地造成局部炎症如关节周围分数点注射 75%酒精或 5%生理盐水，也可使用火针，以达到固定的目的。

三是促进修复。可采用中药当归、五加皮、赤芍、川芎、羌活、桂枝各 30 克，生地、威灵仙各 45 克，续断、木瓜、白芷各 25 克，薏苡仁 60 克，甘草 20 克，水煎服。或用其他祛瘀消肿药物。

四是适当进行功能锻炼。去除夹板等固定物后，病牛应做适当牵遛运动，以防关节僵硬。

1. 系关节脱位（系关节脱位）的治疗 整复后主要应防止复发。一般可采用全肢筒形石膏绷带或部分筒形石膏绷带结合夹板固定，后者尤适用于犊牛，治愈率较高。石膏绷带用于成年牛保持 4～6 周，犊牛 2～3 周即可。有创伤的关节脱位应在固定前进行常规处理，最好在创伤处开窗，以便每日处理。

2. 膝关节脱位的治疗 主要采用复位、固定或手术疗法。

(1)保守疗法 膝盖骨向上脱位有许多保守疗法可试用，如膝关节周围局部注射镇跛痛、5%氯化钠、95%酒精和 50%葡萄糖注射液等。注射时针头在膝内直韧带和膝中直韧带之间垂直刺入。

(2)复位疗法 牛髌骨上方脱位复位的几种方法如下。

一是令病牛急剧做后退运动，术者以手压迫局部，将髌骨往下方推动，帮助复位。

二是用绳拴在系部，向前方徐徐牵引，再用手压迫局部，将髌骨往下方推动，即可复位。

三是用长绳拴住患肢系部，将绳通过腹下，并将此绳缠绕在病牛的颈部，尽量使膝关节伸直，令助手用力向下方推压髌骨，同时令病牛前进，即可复位。

膝盖骨向外脱位虽可徒手整复，但常复发，因此关节复位后，可在膝关节的外侧涂搽强刺激剂或注射无水酒精、10%氯化钠溶液或扎火针，以协助固定。也可局部注射稀碘液，以造成纤维化而防止再发。

(3)*手术疗法*　膝盖骨向上脱位如保守疗法无效时，可用手术方法切断膝内直韧带使脱出的膝盖骨复位，效果较好。此疗法的关键是定位要准确。病牛横卧保定，病肢在下，向后拉成140°角左右，摸清胫骨粗隆，术部在胫骨嵴内上方2厘米，膝中直韧带与膝内直韧带之间的间隙处，局部麻醉后切开皮肤2～3厘米至筋膜，在间隙的最低位置，刀呈纵向垂直刺入1厘米左右，然后转向膝内直韧带，将刀放平，使刀口向外与膝内直韧带呈垂直相交，向胫骨内髁方向轻慢运刀，此时可听到“沙沙”的切割声，割断即可。对不熟练者，为了安全起见，可将膝内直韧带分离暴露后，再行切断。要注意不能伤及膝内直韧带后方的小血管或误切断膝中直韧带，也不能过深而伤及关节囊。皮肤缝合，7～10天拆线。

3. 髋关节脱位(脱胯)的治疗　由于奶牛的髋关节结构特殊，髋臼较浅，体重巨大，从而影响了本病的整复治愈率。治疗本病宜早不宜晚。

治疗本病多用整复治疗法。先将牛进行全身麻醉，然后通过牵拉、挤按、摇晃等方法使股骨头复位。此项整复工作既要有力量又要有技巧。将牛放倒横卧保定，健肢并拢捆缚固定，使患肢呈游离状态，向患病关节腔内注射2%盐酸普鲁卡因注射液20毫升。用3米左右的木杠沿患肢纵轴放平，木杠下端固定在跗关节上端(为避免损伤皮肤，在捆缚处应给予垫衬)，使患肢稍向前方，以患肢蹄距腹部30～35厘米为宜，一人用木锤捶打木杠上端，先轻后重，直至脱位处发生“嗒”的响声，触诊确定已复位为止。一般数锤即可，切忌零星乱打。如为内方脱位，则一面捶打，一面用力在大转子进行压迫；如为外方脱位，一面捶打，一面向下压迫股骨头，即可整复。

犊牛可用闭合整复法，在全身麻醉下将牛放倒，利用杠杆作用整复。支点放在股骨远端内面，肢向远后侧牵引，使膝关节向内旋转，跗关节向外旋转，在支点的作用下，股骨头有外展和向后下方移动的可能性，不断调整牵引方向，检查支点是否合适，直到整复成功。

股骨头复位后，向髋关节周围分点注射 50～100 毫升 95%酒精。整复治疗后要尽量限制病牛的运动，否则极易复发。

复位和固定后，可用木瓜、牛膝、大黄各 25 克，苍术、枳壳、川芎、桃仁、防己、木通各 19 克，红花、甘草各 13 克，以白酒 200 毫升为引，水煎 2 次，混合煎液候温灌服。

4. 肩关节脱位的治疗 将牛放倒，给予镇静剂或麻醉剂，使肌肉松弛，将患肢向后下方牵引，并用力强压臂骨头，使其复位。整复后一般不会再发。

5. 荐髂关节脱位的治疗 将病牛放在垫有厚垫草的牛舍中静养，局部可用温热疗法或涂刺激剂。

四、关节创伤

关节创伤是关节囊、关节韧带和关节部软组织的开放性损伤，有时伴发关节软骨和骨的损伤。

(一)病因 由于关节部受到锐利物体的切割、砍刺或钝性物体的冲击、蹉跌等所引起。伤口多呈砍伤、挫伤、裂伤或刺伤的性状。

由于外力作用的不同，可根据关节囊是否被穿透而分为关节透创和关节非透创。关节透创时，不仅关节囊破裂，滑液外流，严重时关节软骨和骨骺也遭受损伤，常易并发感染而化脓；关节非透创仅破裂关节部的皮肤，而关节囊完整性无损伤。关节创伤主要发生在后肢系关节和前肢的腕关节，其他关节少见。

(二)症状 关节发生创伤时，有明显的出血、疼痛，伤口裂开或功能障碍。当发生挫创或裂创时出血较少，皮肤出现缺损，皮肤与皮下组织分离，并在伤口下部形成创囊，创内存有异物与挫灭或撕裂的组织；切创出血较多，破坏的组织较少，创缘较整齐；刺伤的伤口较小，但往往达于深部，可能发生关节透创，有时因致伤物体折断留在深部而导致创伤经久不愈或形成窦道。

关节创伤经 1 天后，创伤周围常有局限性或弥漫性肿胀，触诊患部紧张、增温和疼痛。一般轻微的关节创伤，最初不出现跛行，以后炎症反应明显时才呈现跛行，伴发关节内骨折或感染化脓时，则跛行重剧。

关节透创除具有非透创的症状外，主要是从关节腔内经伤口流出淡黄色透明并带有黏性的滑液，常混有血液。如伤口较小或伤口被纤维素块堵塞时，则不见滑液流出，此时压迫或屈曲关节，关节腔内压增大，纤维素块由伤口冲出，滑液就会外流。应注意的是从伤口流出滑液的创伤，并非全是关节透创，关节囊周围的腱鞘或黏液囊受伤时也可流出滑液。单纯的小刺伤，由于伤口闭锁，血液蓄积在关节内不能排出，可见关节肿大，同时在关节周围有肿胀、温热、疼痛，运动时有跛行。

若关节透创感染化脓时，关节囊、周围软组织甚至整个患肢出现肿胀，局部增温，疼痛剧烈，关节活动困难，创内流出混有脓汁或带有血色的滑液，黏性降低，以后变为全脓性分泌物。运动时呈现高度跛行。站立时患肢不能负重，呈屈曲或悬垂状态。同时，伴有体温升高至41℃，精神沉郁，食欲减少或废绝等全身症状。

非透创仅具有关节周围软组织损伤的症状，与一般软组织创伤相似。

1. 腕关节创伤的症状 多在关节前下部，常为挫裂创或挫刺创。在新鲜创时创面出血、裂开，有时皮肤呈现圆形缺损或形成创囊，皮下结缔组织和腕筋膜被挫灭成碎片状，并常损及局部的腱和腱鞘，断裂的腱束蓬乱、卷缩。透创时有滑液流出，间或腕骨露于创底或存在腕骨的损伤。轻创伤的早期不呈现跛行，但有炎症反应时或严重创伤时，则腕关节稍屈曲，减负体重。运步时掌部以下不能伸扬，呈中度以上的混合跛行。陈旧病例滑液浑浊，甚至成为脓性，形成化脓性腕关节炎。此外，腕关节创伤还易形成慢性变形性关节炎，使腕关节固定为半屈曲状态，不能伸直。

2. 跗关节创伤的症状 多发生于跗关节背侧或外侧。不论浅创或透创，伤口常很小。病初关节的肿胀与功能障碍均不甚明显，透创时可见混有滑液的出血（但应注意跗间或跗跖关节的透创无明显的滑液流出），做关节被动运动时滑液排出量增多。以后炎症反应明显时，关节肿胀、疼痛，运步时呈现支混跛。当发展为化脓性关节炎时局部热、痛、肿剧烈，病肢屈曲，免负体重，并呈中度以上混合跛行。跗关节创伤应注意与跗腱鞘创伤相区别。

3. 系关节创伤的症状 一般为挫刺创或挫裂创。有的伤口不大，但可见滑液流出或断裂的韧带经伤口露出；有的皮肤伤口较大，但关节囊仍保持完整，因而无滑液流出。当一侧韧带断裂时，被动地使系关节向健侧活动的范围明显增大。病初无明显功能障碍，以后由于炎症发展，出现中度以上的支跛。

(三)诊断 伤口流出淡黄色透明滑液是确诊的依据，但必须与关节周围腱鞘和黏液囊透创相鉴别。临床上见到关节附近的伤口流出滑液的病例不一定都是关节透创，因为关节周围的腱鞘或黏液囊破损时，亦有滑液流出。应根据局部解剖位置、功能障碍的程度加以鉴别。当诊断有困难时，可选择离伤口较远的关节盲囊注入0.2%依沙吖啶(又称利凡诺、雷佛奴尔)注射液或0.5%盐酸普鲁卡因青霉素注射液，如药液从伤口流出即可证实为关节透创，有条件时也可做关节内空气造影术，进行X射线检查。检查新鲜关节创时禁用探针，以防引起感染或因病牛挣扎而把非透创变为透创。

(四)预后 关节创伤不伴发感染时预后良好，数天内滑液流出逐渐减少，在15～30天内可痊愈。如发生感染，常可发生全身性感染，预后常不良。

(五)防治 防止感染，早期处理创伤，减少关节活动，加速创伤愈合，促进功能恢复。

1. 关节非透创 可按一般软组织创伤常规治疗处理。

2. 关节新鲜透创 在一昼夜内进行外科处理，对预防感染是极为重要的。创围剪毛消毒，除去创内异物和凝血块，切除破碎组织，消除创囊，彻底止血，穿刺冲洗关节腔，但清洗关节腔时应避免经原伤口注入药液，以防引起继发性感染。可利用注射针头，遵守无菌操作的规定，在远离伤口的部位经滑膜盲囊行关节穿刺注入。如解剖位置或技术上有困难时，可缓缓地经原伤口进行清洗，但决不可向创内强力冲灌，以防将病菌带入关节腔内。由于关节滑膜对刺激较敏感，因此要选用刺激性较微弱的抗菌防腐液，常用 0.5%盐酸普鲁卡因青霉素注射液(每毫升含青霉素 2 000～3 000 单位)冲洗。冲洗后再在关节腔内注入 2%盐酸普鲁卡因青霉素液(将 2%盐酸普鲁卡因适当加温，再加入青霉素 40 万单位，溶解后迅速注入关节内，否则容易结晶阻塞针头)，或磺胺乳剂 10～15 毫升，防止关节腔内感染。然后用稀碘酊棉球塞住伤口，或用细肠线密闭缝合关节囊状韧带，要求屈曲关节时滑液也不外流，肌肉、皮肤通常不进行缝合而使其开放，然后创内撒布碘仿磺胺粉(1∶9)，装上吸收绷带，再装制动绷带，这样可确保受伤关节安静，防止再度损伤、感染而促进创伤愈合。绷带一般每隔 3～4 天更换 1 次，但在绷带被血或炎性分泌物浸湿、关节呈现炎性肿胀、出现重度跛行、体温增高时，应立即更换，并及时进行检查与治疗。

3. 严重污染的关节透创　清理创腔后，撒布碘仿磺胺粉(1∶5)或红伤散(赤石脂 20 克，血竭 15 克，煅石膏 20 克，冰片 15 克，龙骨 35 克，乳香 25 克，没药 25 克，儿茶 20 克，象皮 5 克，配制时，将象皮切成片晒干，用滑石粉炒存性，龙骨用火煅，赤石脂研细后用老醋调制成圆条用火煅，将各药研细过筛，装瓶密封备用)，外加保护绷带。当创伤出现明显的炎症反应时，可用硫呋液(0.01%呋喃西林溶液 100 毫升，加入硫酸镁 20 克)湿敷，外加保护绷带，以后定时向绷带内灌注硫呋液，使其经常保持湿润状态。为了防止创伤感染，宜全身应用抗生素、磺胺类药物或中药消炎解毒散。

4. 感染或化脓的关节透创　充分切开引流，除去异物和坏死组织碎片。用青霉素溶液、依沙吖啶溶液或 5%磺胺酒精溶液冲洗关节腔和伤口，用魏氏流膏纱布条引流，再用凡士林纱布覆盖伤口，外面用有窗石膏绷带固定。要特别注意清除挫灭组织、关节内异物以及保证脓汁或渗出物的排除，并在关节的化脓性炎症消除前滑膜和皮肤都不进行缝合。一般都要配合全身疗法。

5. 防止和控制感染　早期应用大量抗生素、磺胺类药物，进行全身性治疗，并采用各种对症治疗措施。

6. 护理　为使关节透创顺利愈合、防止感染，病牛应保持绝对安静，并装着制动绷带限制关节活动。为了避免关节强直，在滑液停止流出后 4～5 天，可进行缓慢短暂的牵蹓运动，以后逐渐增加运动量。但过早进行剧烈的自动运动，常可使初期愈合的关节囊再次破裂而造成不易恢复的损伤。

五、浆液性关节炎

浆液性关节炎为关节囊滑膜层的渗出性炎症，其特征为伴有滑液增加的滑膜炎，引起关节囊内压增高和肿胀。病初仅见滑膜与滑膜绒毛的充血、肿胀、细胞浸润，关节腔内有大量透明微浑浊(因混有白细胞、剥落的滑膜细胞和大量蛋白质)的浆液性渗出物。有时在浆液中含有纤维蛋白。当滑膜破损时，渗出物呈血样，软骨与韧带无变化。但病程长可引起软骨腐蚀和骨关节炎。临床上分为急性和慢性。慢性常由急性转来，但也可能一开始就取慢性经过。多见于跗关节、膝关节和系关节，有时也见于腕关节。

(一)病因　主要是由损伤，包括关节的捩伤、挫伤、脱位等而引起，肢势不正和关节软弱为其内在因素。此外，在产后阴道感染、乳房炎、布氏杆菌病、风湿病、传染性胸膜肺炎、急性风湿病的经过中，也能继发本病。

(二)症状　急性浆液性关节炎时，关节腔积聚大量浆液性炎性渗出物，因而关节囊紧张膨胀，向外凸出。指压关节憩室突出部位有明显波动。有纤维素性渗出物时出现捻发音。触诊热、痛，有波动，此时关节仍保持原形，被动运动时有明显的疼痛反应。穿刺关节，滑液较浑浊或微带黄色，易凝结。站立时患病关节屈曲，减轻负重，呈悬垂或蹄尖着地，两肢同时发病，则不断交互负重。运动时呈轻度或中度支跛或混合跛。当蓄积大量液体时，关节外形发生改变。如能及时治疗转归良好，渗出物逐渐被吸收，炎症现象消失，关节功能恢复。如致病因子继续起作用，则渗出物长期存在，炎症就转为慢性。

慢性浆液性关节炎（关节积水）一般由急性转来，关节腔内蓄积有大量渗出物，关节囊紧张膨胀，关节的一定部位出现明显肿胀，关节外形有显著变化。触诊有明显的波动，但无热、痛。穿刺时，关节液由于含黏液素少，比正常的稀薄，无色或微带黄色，不易凝结，所以又称关节水肿或关节积水。多数病例无明显功能障碍，但关节活动受到一定限制。当关节腔内渗出物过多，内压显著增大，关节囊极度膨胀时，也可出现轻度跛行。跛行与关节盲囊的大小有关，在关节盲囊很大的关节（膝、胫跗关节），关节积液不引起疼痛反应，也不出现跛行；而关节盲囊不显著的关节（冠、蹄、肩关节），关节积液却常有跛行。

1. 浆液性膝关节炎的症状 因膝关节的股胫内侧囊和股膝关节囊互相连通，所以两关节常同时发病；又因膝关节的外囊和第三腓骨肌与趾长伸肌腱下黏液囊相通，因此炎症常可相互转移。急性炎症时，由于关节松弛可减轻疼痛，因此站立时经常提举屈曲病肢，或仅用蹄尖着地。运动时表现轻度或中度混合跛行，膝关节强拘，步幅短缩。发病关节轮廓不清，特别在三条膝直韧带之间的滑膜囊部最为明显。触诊时有热、痛和波动。慢性炎症时，病肢功能障碍决定于关节腔内渗出物的数量、性质和渗出物对关节韧带的压迫程度。中等量积液时，仅快步才出现跛行，大量积液时可出现中度跛行。触诊病部时，可发现明显的波动性，无痛或带痛性的肿胀，积液多时转移到第三腓骨肌与趾长伸肌腱下黏液囊，则股部和臀部肌肉很快发生萎缩。急性预后良好，慢性则不确定。

2. 浆液性跗关节炎的症状 多发于胫跗关节囊，以关节滑液增多为特征，关节外形改变，出现3个椭圆形凸出的柔软而有波动的肿胀，其中一个位于跗关节的前内面，其他两个位于胫骨下端的后面和跟骨前方的内、外侧。交互推压这些肿胀时，可感到关节囊内积液来回流动。多数不具有热、痛症状。穿刺排液可见到较清朗的滑液。感染化脓才出现浑浊或絮状物。跛行并不明显，有时病肢减负体重。诊断时要注意与跟骨头皮下黏液囊炎和关节周围炎相区别。

3. 浆液性腕关节炎的症状 牛的单纯性腕关节炎不多见。腕关节分为桡腕、腕间和腕掌三部分，以桡腕关节活动范围较大，故较易发病。在腕关节外侧面，副腕骨前上缘，腕尺侧伸肌腱前缘和桡骨后方出现圆形或椭圆形肿胀，有胡桃大。当患肢负重时，肿胀紧张有弹性；屈曲时肿胀柔软，有波动，有时肿胀被由此通过的伸肌分成若干个隆起。站立时腕关节屈曲，蹄尖着地负重，运动时出现混合跛行。本病要与腕前黏液囊炎相区别，后者外表突出，有时可达排球大，但不出现跛行或跛行很轻，位置只局限于腕关节的前方。腕关节炎则以混合跛行为主，关节囊充满液体时常出现几个小椭圆形或圆形肿胀。本病也应注意与腕部腱鞘炎相区别，腕部腱鞘炎的肿胀多呈长圆形，纵位，当腕关节屈曲时，肿胀紧张明显。此外，腕尺侧伸肌腱鞘与腕关节囊相通时，可见到滑液囊炎和腱鞘炎同时发生。滑液囊炎发生在关节的中列是非常少见的，这时可形成 2～3 半椭圆形的肿胀。

4. 浆液性系关节炎的症状 急性时，关节肿胀、增温、疼痛，触诊有波动，渗出物有大量纤维蛋白时则有捻发音。运动时呈轻度或中度混合跛行。慢性时，主要特征为在系关节的后上方内、外侧，即在第三掌(跖)骨远端与悬韧带之间的沟内，出现有波动的椭圆形肿胀。屈曲系关节时，因渗出物流向前部关节囊，肿胀缩小。患肢负重时肿胀紧张，多数情况无跛行。对于突然发生的急性病例，要注意与系关节捻挫、指骨骨折相区别。其中尤以系关节捻挫较多见，要依靠被动运动而加以证实。指骨骨折同样是突然发病，需做 X 射线检查。此外，也须注意与指(趾)部腱鞘炎相区别，后者肿胀位于系关节后上方的悬韧带与指(趾)浅屈肌腱之间，且多呈长圆形。急性预后良好，慢性预后慎重。

(三)诊断 奶牛有关节炎与关节周围炎之分，后者仅侵及关节周围，未伤及滑膜，外表症状明显，影响关节功能较轻，不属于关节炎，要严加区别。

(四)防治 制止渗出、促进吸收、排除积液，及早恢复关节功能。

1. 急性浆液性关节炎的防治 在急性炎症初期，应使病牛休息，限制活动，局部装着压迫绷带，或应用冷却疗法和环状封闭。可用局部麻醉药和镇痛剂(保泰松、羟基保泰松)以减轻疼痛。急性炎症缓和后，可应用热敷、石蜡疗法，装着饱和盐水或饱和硫酸镁湿热绷带，樟脑酒精、鱼石脂酒精或醋鱼石脂绷带等，也可在患部涂布用醋调制的复方醋酸铅散，每日 1 次。或涂搽各种刺激性软膏和搽剂，如雄黄软膏和四三一合剂等。当渗出物过多不易吸收时；可进行关节穿刺，放出滑液，然后注入盐酸普鲁卡因青霉素注射液(1％盐酸普鲁卡因注射液 10～20 毫升，青霉素 20 万～40 万单位)，或盐酸普鲁卡因青霉素可的松溶液(氢化可的松 70～240 毫克，1%盐酸普鲁卡因注射液 10～20 毫升，青霉素 20 万～40 万单位)，最后外加压迫绷带，隔日 1 次，3～4 次为 1 个疗程。

关节内注入糖皮质激素效果较好，注射时应强调无菌操作。首先，应穿刺排液，然后将醋酸氢化可的松 2.5～5 毫升与青霉素 40 万单位混合后注入，或用 0.5%盐酸普鲁卡因注射液与上述药液按 1∶1 比例混合注入关节囊，隔日 1 次，连用 3～4 次。注射后应按摩关节使药液与滑液充分混合，并在该关节部加压包扎，以促进过量液体的吸收。由于可的松类皮质激素对病原微生物没有直接抑制和对抗作用，且能降低机体的防御功能，因此化脓性关节炎最好不用此药，或者与抗生素并用。停药时，先停用激素，并且应由逐渐减量至完全停止，最后停用抗生素。

可的松激素制剂主要包括：醋酸氢化可的松 50～250 毫克(针剂 125 毫克/5 毫升)每隔 4～7 天注入关节 1 次。醋酸强的松龙 15～50 毫克(针剂 10 毫克/2 毫升)，或醋酸氟强的松龙 5～20 毫克，于关节腔内注射。6-甲强的松龙，大关节可用 40～80 毫克，氟美松 1.5～2.5 毫克，或醋酸倍他米松6～12 毫克。在激素治疗的同时，可配合应用保泰松、羟基保泰松或水杨酸制剂，发生化脓性感染时必须配合应用抗生素。

有理疗条件者，可用超短波透热疗法、超高频电疗或碘离子透入疗法，对急、慢性浆液性关节炎均有较好效果。

2. 慢性浆液性关节炎的防治 在关节周围涂搽各种强烈刺激性软膏或采用烧烙疗法和透热疗法治疗。这些疗法是诱发关节的急性炎症，当急性炎症消除时，关节炎可能痊愈而恢复。常用的搽剂有碘樟脑醚合剂和四三一合剂等，可每日或隔日涂搽1次，随后立即温敷。也可用碘化汞软膏每隔6～7天涂搽1次。透热疗法可对关节深部加热，有助于关节功能的恢复。超声波疗法常不用于关节损伤，因为它虽可引起深部的温热，但作用是短暂的，并且一旦超过剂量会引起骨坏死。

关节积液严重时，最好进行关节穿刺，放出渗出液，并向关节内注射盐酸普鲁卡因青霉素注射液或可的松制剂，然后用压迫绷带包扎，也可在用压迫绷带前局部外敷用醋调制的雄黄散，并定期向绷带内加醋使雄黄散保持作用，隔日更换雄黄散与压迫绷带1次，可连用数次。慢性者可选用火针治疗。

慢性时也可在关节内注入可的松制剂，其后可肌内注射促肾上腺皮质激素，每次200毫克，间隔3～7天注射第二次。

六、化脓性关节炎

化脓性关节炎是关节组织化脓性炎症。本病首先侵害关节滑膜层，若病程继续发展，则侵害关节纤维层、关节韧带、关节软骨和骨骼等组织。

(一)病因 本病发生于关节透创和关节内开放性骨折的感染，也可能是与关节腔相通的腱鞘和黏液囊的化脓性炎症的蔓延。此外，也可由远离关节的化脓性病变转移引起，后者常为多发性关节炎。引起化脓性关节炎最常见的病原菌为化脓性棒状杆菌、大肠杆菌、金黄色葡萄球菌、链球菌、沙门氏菌等，在犊牛也可由支原体引起。

成年奶牛子宫炎和肝脓肿可引起脓毒症和多发性关节炎，并可能蔓延到心脏，引起心内膜炎和心肌炎。

(二)症状 病牛站立时患肢屈曲，不能负重，以蹄尖着地。运动时呈现中度或高度混合跛行。关节肿大，触诊有温热和波动。关节穿刺时，关节滑液混有脓汁，同时出现体温升高，脉搏增数，食欲减少，精神委靡等全身症状，泌乳量减少。由于脓毒症转移而引起的化脓性关节炎，其临床特征是多数关节同时发病，局部和全身症状也更加明显。

由关节透创发生的化脓性关节炎，病变先从滑膜层开始，滑膜充血、渗出，白细胞浸润，从关节创口内流出混有滑液的脓汁。患病关节肿胀显著，触诊有热痛，关节囊肥厚。

由其他原因引起的化脓性关节炎，脓汁积聚于关节腔内，发生关节蓄脓，致使关节囊膨胀，出现波动，有热痛，功能障碍明显，全身症状重剧。行关节穿刺可抽出脓汁。

若病变侵害关节囊全层并波及关节周围软组织时，则皮下出现炎性水肿或大小不同的脓肿；病变侵害关节软骨及骨端时，关节软骨混浊、粗糙、出现缺损，引起骨关节面的破坏及骨端坏死。此时局部和全身症状逐渐恶化，甚至引起脓毒败血症。

多发性关节炎常两肢对称发生，常见患病部位为两肢的腕关节、跗关节和膝关节。

(三)防治　消除感染，排除关节腔内的脓汁，减少细菌及其生活产物和组织分解产物的吸收，预防继发性感染，增强机体抗感染能力。

初期应立即全身应用抗生素和磺胺类药物治疗。非开放性化脓性关节炎，可进行关节穿刺，用注射器抽尽脓汁，然后用0.5%盐酸普鲁卡因青霉素溶液、0.1%依沙吖啶溶液或2%氯亚明溶液冲洗，直至流出液变透明为止，再向关节腔内注射1%～2%盐酸普鲁卡因青霉素溶液15～20毫升，每日1次，连用3～4天。若关节内脓汁过于黏稠而不易抽出，则可切开排脓，按关节透创处理。

对开放性化脓性关节炎的伤口周围剪毛消毒，除去脓痂，用防腐消毒液冲洗关节腔，然后用硫呋液湿敷或引流，也可撒布碘仿磺胺粉。

七、关节周围炎

关节周围炎是指发生在关节滑膜层以外的关节囊纤维层、韧带、骨膜和周围结缔组织的慢性纤维性和慢性骨化性炎症。

本病腕关节和跗关节多发，系关节也比较多见。

(一)病因 本病是奶牛常见病。由于牛床地面粗糙，或蹄病、四肢病而妨碍牛起立，多次爬起又跌倒，跗关节的外侧面受到机械性挫伤是引起本病的主要原因。此外，肢势不正或“O”型后肢等遗传因素也与本病有关。

本病主要是由于骨膜、关节囊和关节韧带的附着部长期遭受刺激所致。其炎症变化常由关节骨端及韧带附着部扩散到骨膜。初期出现结缔组织增生和骨膜纤维性增殖，称为纤维性关节周围炎。其后在纤维组织间沉淀钙盐，形成骨赘或外生骨瘤形状的骨质增生，称为慢性骨化性关节周围炎。有时骨化组织广泛蔓延至关节韧带和关节囊纤维层，有的造成关节假性粘连。

(二)症　状

1. 纤维性关节周围炎的症状 患病关节出现热痛不明显、界限不清楚的坚实性肿胀，关节粗大，外形稍变为平坦，关节的活动范围变小。运动时关节强拘，但跛行不如关节炎明显，随着运动可逐渐减轻。

2. 骨化性关节周围炎的症状 关节明显粗大，活动性很小，肿胀坚硬，无热无痛，皮肤肥厚，移动性小。运动时关节强拘，伸屈不充分，病牛起卧困难。

(三)防治 在纤维性关节周围炎阶段，可采用温热疗法、石蜡疗法、酒精湿敷等，也可于患部皮下注射可的松制剂，力求在纤维性炎症阶段治愈。

在骨化性关节周围炎阶段，可施行点状烧烙、应用神经切断术或切腱术，以消除疼痛和跛行。

八、骨关节炎

骨关节炎又称为变形性关节病，是慢性非感染性关节疾病，伴发骨和软骨的继发性肥大，表现为关节肿大、变形和增殖。

(一)病因 本病通常侵害年龄较大的牛。首先侵害负重关节，所以体重大的牛易患本病。常侵害髋关节、膝关节和跗关节，通常为两侧性。本病与低钙血症有关，遗传、品种和牛舍地面影响本病的发生率和严重性。其病因是多因素的，如直接受到损伤、关节软骨磨损或受侵蚀、关节囊连接处撕裂、关节形态结构不良、牛长期站立水泥地面、不定期修蹄、遗传、内分泌紊乱、营养失调、维生素和矿物质不平衡、快速生长的幼龄牛过多饲喂精饲料、某些微量元素(硒、锌)过多、关节感染、化学性损伤、关节老化等，都可造成本病。

(二)症状 早期表现为炎症征候，在临床上往往不被注意，一般发现时已发展为变性性变化，关节软骨裂开，甚至离断成关节石，进而软骨糜烂而侵害到深层，形成骨质象牙化。软骨和骨的损伤，增加了关节对合不良的程度和关节功能障碍。由于继续受到侵害和不适的关节运动，使软骨周围骨化，在关节周围形成特征性外生骨赘或骨刺。进行性病例呈关节囊纤维化与滑液量增加，滑液中蛋白质含量和多形核白细胞数都有增加并混有纤维蛋白块，滑膜可能增厚并纤维化。损伤严重时,关节内韧带可能撕裂或断裂。

病变可发生在一个肢或几个肢,许多病例都有跛行和肌肉萎缩,关节囊纤维化或关节僵直,运动受到限制,关节的屈曲性降低。被动运动时有关节摩擦音。随着病程发展,关节明显增大,关节周围纤维化,此时跛行程度减轻,出现关节功能机械性障碍。

(三)诊断 主要依据以上症状进行诊断,应与感染性关节炎、创伤性关节炎做鉴别诊断,也应与骨质疏松症做鉴别。

(四)防治 治疗应根据病的阶段和存在的炎症程度进行。

1. 对原发性病因的防治 虽然已致伤的因素不能改变,但对其所造成的结果,应该给予治疗,如关节内骨折、关节感染等,采取对症疗法。

围绕滑膜炎和关节囊炎进行治疗,可采用休息、皮质激素疗法、关节冲洗、滑膜切除等,因为软组织损伤也可导致软骨变性。

2. 治疗软骨变性 可采用关节软骨切除、骨赘去除、手术固定关节、刺激软骨愈合等方法。现在已经证实,关节软骨细胞损伤后,不能自行修复,为了减少软骨的退行性变化,美国学者试用黏多糖甲硫酸酯进行治疗,此药对抑制与分解蛋白多糖有关的酶有潜在能力。其他还有犊牛肋软骨浸出液、尿苷、结缔组织活性肽等。

第二节　外周神经麻痹

外周神经麻痹是四肢外周神经因受损伤或在某些疾病

中，由于神经传导功能发生障碍或丧失，而引起所支配的组织和器官呈现运动、感觉功能障碍和萎缩。多由于外周神经受到挫伤、压迫、牵张、断裂所造成。可分为完全麻痹、部分麻痹和不全麻痹。

在奶牛多见闭孔神经麻痹，其次是桡神经麻痹和腓神经麻痹，其他外周神经麻痹较少见。

引起外周神经麻痹的原因是多方面的。由于跌倒、冲撞、打击、滑倒、急转弯、角斗、长期保持侧卧、新生物（血肿、脓肿、肿瘤）等压迫以及神经的剧伸和断裂等，均可引起神经麻痹。另外，某些疾病过程中也可并发本病。

外周神经麻痹的共同症状包括以下几方面。

一是运动功能障碍。因损伤运动神经而使其处于麻痹状态，不能自动伸缩，受其支配的肌肉与腱的运动功能减弱或丧失。表现为肌与腱的弛缓无力，丧失固定肢体能力，患肢出现关节过度伸展、屈曲或偏斜，或表现特异的跛行症状。

二是感受功能障碍。外周神经属混合神经，伤后程度不同的出现感觉功能障碍，特别是感觉纤维丰富的外周神经陷于麻痹时感觉减弱或丧失，针刺皮肤时疼痛反应迟钝或丧失，腱反射消退。

三是肌肉萎缩。外周神经损伤麻痹时不可避免地会伤及该神经的自主神经纤维，引起神经营养失调，再加上患肢由于神经麻痹而运动不足，因而病后经过一定时间，受其支配的肌肉常出现萎缩，体积变小，弹性降低。

外周神经麻痹的治疗原则是消除病因，恢复神经传导功能，防止肌肉萎缩。

药物疗法可应用神经兴奋剂。病初局部皮下注射硝酸士的宁、氢溴酸加蓝他敏注射液、藜芦素注射液或樟脑油等，每日 1 次，7 天为 1 个疗程。或用藜芦素溶液（藜芦素 0.01～0.04 克，酒精 10 毫升，生理盐水 100 毫升）局部分数点皮下或肌内注射，最初 2 天藜芦素用量为 0.01 克，第三、第四天用 0.02 克，第五、第六天用 0.03 克，第六、第七天用 0.02 克，第八、第九天用 0.01 克，连续 9 天为 1 个疗程。一个疗程无效时，隔 5～6 天再进行第二个疗程。同时，应用维生素 B_1 和维生素 C 皮下注射。还可用各种刺激剂涂搽，如 10% 樟脑酒精、四三一合剂等。必要时可选用酶治疗，如透明质酸酶 2～4 毫升神经鞘外一次注射，或链激酶 10 万单位，链道酶 2 万单位，蒸馏水 10～50 毫升，神经鞘外一次注射。需要时隔 2 天再注射 1 次。

物理治疗可采用超短波、温热疗法、按摩疗法等。

穴位注射可用 10%～20% 葡萄糖注射液 10～40 毫升或氢化可的松 20～40 毫克于相应穴位注射，每隔 1～2 天使用 1 次。

临床常根据神经麻痹的部位选择适当的穴位，采用针刺、电针或水针疗法。有条件者，可用超声波、超短波、感应电疗、低频脉冲电疗或硝酸士的宁电离子透入疗法等，以兴奋神经传导功能和防止肌肉萎缩。

中药治疗可试用以下方剂。

处方一：续断 40 克，当归 25 克，川芎 40 克，乳香 40 克，没药 40 克，红花 20 克，血竭 20 克，生蒲黄 20 克，苍术 40 克，黄柏 30 克，连翘 50 克，牛膝 40 克，杜仲（炒）40 克，金银花 50 克，蒲公英 50 克，甘草 25 克，骨碎补 50 克，补骨脂 50 克，水煎 2 次，顿服，隔日 1 次，共 4～8 次。

处方二：透骨草 100 克，千年健 50 克，追地风 50 克，白芥子 50 克，地龙皮 30 克，五加皮 30 克，乳香 40 克，没药 40 克，连翘50克，生蒲黄100克，红花20克，当归75克，荆芥75克，防风75克，地肤子75克，马齿苋150克，艾叶100克，青葱数根，陈醋250毫升，水煎，患部热敷(洗)，每日2小时。

一、桡神经麻痹

桡神经麻痹在奶牛也常发生，多发生部分性麻痹，通常为外周性麻痹，中枢性麻痹少见。桡神经是以运动神经为主的混合神经，出自臂神经丛，后向下方分布于臂三头肌、前臂筋膜张肌、臂肌、肘关节，并分出桡浅神经和桡深神经两大分支。桡浅神经分布在前臂背侧面皮肤；桡深神经分布于前肢所有伸肌，该神经还主要分布于固定肘关节的肌群和伸展前肢的所有肌群，所以一旦发生本病，则引起掌骨、肘关节、腕关节和指关节伸展功能的肌肉失去作用，病肢在运步时提伸困难，负重时肘关节等不能固定而表现过度屈曲状态。

(一)病因 桡神经麻痹主要是外伤性原因引起，如外力击打，意外损伤，长时间在硬地上侧卧保定，特别是肢向后拉时，均能引起桡神经麻痹。另外，牛互相顶撞，牛所卧的地方有石块、砖块或凸凹不平，以及长期卧于硬地等外伤性因素，也能引起本病。

(二)症状与诊断 桡神经完全麻痹比较罕见，部分麻痹在牛比较普遍。多为一侧性麻痹，偶而也可见两侧性麻痹。

1.桡神经全麻痹的症状与诊断 站立时肩关节过度外展，肘关节下沉，腕关节开张成钝角，此时掌部向后倾斜，系关节呈掌屈状态，以蹄前壁着地。运动时患肢各关节伸展不充分或不能伸展，所以患肢不能充分上举，前伸困难，常以蹄尖曳地而行。前方短步，但后退则比较容易。由于患肢伸展不灵活，不能跨越障碍，在不平地面上快步运动容易跌倒，并在患肢的负重瞬间除肩关节外其他关节均屈曲。患肢虽负重不全，如站立时人为将患肢摆正并固定腕关节和系关节时，尚可勉强负重，当躯体重心一移动，则又回到不能负重状态。触诊臂三头肌和腕、指伸肌时，可感到肌肉弛缓。针刺臂三头肌和伸肌群感觉迟钝或消失。快步运动时患肢功能障碍更加明显。病程时间较长时可导致患部肌肉萎缩。

2. 桡神经不全麻痹的症状与诊断 不全麻痹可能是原发，也可能是桡神经疾病的最初症状。站立时看不出什么异常，运步时肘关节伸展不充分。患肢向前伸展缓慢，为了代偿麻痹肌肉的功能，臂部肌肉和肩胛部肌肉发生强力收缩，可将前肢远远向前伸出，在患肢负重的瞬间可看见肩关节震颤。不全麻痹可利用下述方法确诊：提举患肢，变换头的位置，向前牵引病牛或使病牛向后退，转移病牛的体躯重心，当不全麻痹时，肘关节以下所有关节可能发生屈曲。

（三）治疗 本病发生后，如能及时治疗，症状会逐渐好转，一般预后良好。部分麻痹和不完全麻痹经过治疗大多数病例可以康复。如经过 1 周治疗，症状未有改善，则预后慎重。治疗 2 周后仍没有改善，常预后不良。

在臂三头肌扎入一针，前臂部前面再扎入一针，接上电针治疗仪，调好强度和频率，治疗 30 分钟，每日 2 次。

也可在上述穴位注射维生素 B_1 或当归注射液，配合按摩治疗。

对弛缓的肌肉进行电刺激并注射神经营养剂。

二、腓神经麻痹

腓神经分腓浅神经和腓深神经。在其分布的径路中，经过股骨外髁和腓骨头，神经位于皮下，特别容易受伤。

(一)病因 腓神经损伤是“趴卧病”或乳热症病牛外周神经损伤的典型例子。后肢持久的常位躺卧可造成腓神经的压迫性损伤，牛卧倒时受压迫、后肢落入粪沟时挣扎、难产时挣扎等都可引起腓神经麻痹。

(二)症状和诊断 腓神经支配跗部屈肌和指部伸肌的运动。因此，腓神经轻度麻痹时导致偶尔出现突球，严重病例病牛站立时跗关节因伸直、过度伸张以及系关节过度屈曲而突出，患肢以系关节、系部和蹄尖壁着地而负重，蹄底朝上。运动时因为跗关节不能正常屈曲，患肢僵硬、前伸，跗关节伸张，以蹄尖壁着地拖拉前进。站立时人为地将趾关节伸展时，患肢仍能负重。腓神经感觉功能的丧失可使跖部和系关节背部出现痛觉消失。

(三)治 疗

一是将趴卧牛安置在有厚铺垫的环境中，以减少对腓神经的直接压迫，每隔 1 小时使躺卧牛翻身 1 次，以减少卧侧肢部的肌肉和神经的压迫性损伤。

二是使用物理疗法，包括热敷、按摩、用力推拿患肢。除电刺激和给予神经营养药外，应注意保护系关节和蹄冠免遭擦伤，防止引起感染。为此，可装石膏绷带，也可将两蹄尖用金属丝连于一起，再在跗关节处拴一带子，将带子与金属丝用一弹性带子连起来，这样弹性带子带动关节伸展，并可使体重落到蹄负面上。

三是若病牛能以健肢支持体重或能站立较短时间，可人工举尾以帮助病牛站立促进患肢血液循环。

四是急性单侧发生并能立即确诊的病牛预后一般都良好。每头牛都应单独管理，圈养在铺垫好的牛舍，仔细护理。躺卧或双侧腓神经麻痹的病牛预后谨慎，因为这种病牛极易发生其他肌肉骨骼损伤。如病牛跌倒或竭力挣扎起立，也可能发生髋关节脱位、股骨头或股骨颈骨折或运动性肌病。

三、闭孔神经麻痹

奶牛常发生闭孔神经麻痹，特别是分娩后多见。闭孔神经是运动神经，由第四至第六腰神经组成，沿髂骨体内面和骨盆延伸，经闭孔的外侧部穿出，立即分布于大腿内侧的肌肉，如闭孔肌、内收肌、耻骨肌和股薄肌。

（一）病因 闭孔神经在与骨接触的部分易受损伤。发生闭孔神经麻痹的原因，常由于分娩时难产，尤其在头胎产犊或因胎儿过大，压迫神经引起神经损伤，或助产时强力牵引，引起神经损伤。顺产的小母牛有时也可出现闭孔神经麻痹。耻骨骨折、骨盆骨骨痂和骨盆腔内肿胀物压迫、牛在光滑的地面或冰上劈开腿，或由于某种原因后肢强力挣扎，都可引起闭孔神经损伤，出现麻痹征候。闭孔神经支配后肢几个外展肌的运动，而第六腰神经则分出到半膜肌、半腱肌的坐骨神经分支和腓神经纤维。

（二）症状 成年牛发病后症状比犊牛明显，这可能与体重有关。犊牛一侧性闭孔神经麻痹时，站立和运动都不会有明显异常，而成年牛一侧闭孔神经麻痹时，站立时略见患肢外展，运步时即使是慢步，也可呈现步态僵硬和小心翼翼地运步。

两侧闭孔神经麻痹时，犊牛站立的姿势也无异常，但运步时，可看到每一步均有外展。成年牛则可能出现不能站立。力图挣扎站立时，可呈现两后肢向后叉开，呈蛙坐姿势，腹部着地后肢屈曲而外展，像是后肢瘫痪。在严重病牛，后肢劈叉并向外展与身体长轴垂直。

闭孔神经麻痹常与其他一些疾病同时发生，如髋股关节脱位、股骨颈骨折、股骨头韧带断裂、内收肌肌炎、肌肉变性和广泛出血等。在上述情况下，症状变得更为复杂化，而且常常不能判别病变过程的顺序。

(三)诊断 根据发病时间和特定姿势可以诊断。诊断时应与坐骨神经麻痹、后肢截瘫、产后瘫痪、病理性躺卧等鉴别诊断。

因产犊瘫痪而致的躺卧应与单纯内收肌肌病、骨盆骨骨折、股骨骨折、髋关节脱位、代谢病和严重的败血症——内毒血症相区分。单侧发病病牛预后良好，而双侧瘫痪和躺卧的牛则预后不良或谨慎。初产小母牛比经产母牛预后良好，这是因为它们体重小，腹腔脏器体积较小，整体灵活。

本病无合并症时，经过及时治疗，预后良好，否则预后应慎重。

(四)治疗 采用治疗神经麻痹的方法治疗本病。

难产后因损伤闭孔神经而发生产犊瘫痪时立即治疗效果较好。否则由于肌肉损伤可能使本已很严重的神经疾病的病情复杂化。依据奶牛的大小，可在跖部相距 60～75 厘米处拴住后肢，作脚绊时，用软绳连到跖部的尼龙或绳套上。脚绊安置应注意防止外伤或阻碍跖部的血液循环。病牛应放置在较好地面的牛舍或临时搭建的围栏中，并防止过度走动。

必须注意对病牛的护理，防止二次损伤其他组织和发生并发症。将牛放在铺有松软垫草的牛舍内，令其躺卧休息。如牛能站立时，地面也应铺草，防止其两后肢叉开损伤其他组织。最好用绳将两后肢系在一起，使两后肢只能分开 1 米左右，这样可避免两后肢向外叉开。

当牛试图起立时，最好尝试通过 1～2 人的提尾帮助病牛

和地面好的厩舍，这对避免褥疮发生很重要。若出现肌肉萎缩和髌骨松弛，则预后不良。

五、坐骨神经麻痹

(一)病因 在奶牛，坐骨神经及其分支的损伤是影响患肢功能最常见的外周神经损伤，当出现后肢步态或负重问题时，必须考虑坐骨神经起始部、脊髓根部和脊神经。同样，坐骨神经的部分损伤也可以胫神经或腓神经完全或部分损伤表现出来——这两个神经都是坐骨神经的分支。

坐骨神经本身的损伤大多数因臀部注射刺激性药物或离髋关节附近神经经络太近造成的。这些注射刺激或损伤在成年牛很少引起坐骨神经功能的完全或持久性丧失，但犊牛正相反。犊牛特别容易因臀部注射造成坐骨神经的损伤，虽然刺激性药物是最主要的原因，但由于犊牛臀部肌肉少，针刺也能引起神经的直接损伤。

髂骨或股骨骨折也能造成坐骨神经的严重损伤。

(二)症状 坐骨神经完全麻痹导致髋关节和跗关节下垂或降低，系关节突出。患肢可负重但行进时趾部拖地，病牛常以趾和系关节背侧着地站立，除内侧表面外，患肢膝关节远端的痛觉消失。当坐骨神经部分麻痹时，病牛能负重，但系关节突出，跗关节的位置较健肢低。患侧臀部肿胀和血迹有助于诊断为注射引起的医源性损伤。坐骨神经损伤必须同胫神经和腓神经损伤、腓肠肌和肌肉部分撕裂、与脊椎损伤有关的荐神经根和荐神经损伤以及脊髓病相区别。

(三)治疗 急性坐骨神经损伤可对症治疗，大多数外周坐骨神经损伤是部分损伤。必须告知畜主避免给成年奶牛臀部注射。奶牛和肉牛不同，肉牛有坚厚的臀肌，容易进行臀部注射而且安全，奶牛臀部凹陷，很少有肌肉保护坐骨神经分支。若臀部注射造成脓肿，需要做引流以减轻对坐骨神经的压力。针刺或刺激性药物可直接或间接损伤邻近的神经分支。

急性损伤可用消炎药和水疗法等对症治疗。若发生系关节突出并以系关节背侧着地行走时，则应对患肢下部进行支持包扎或使用带槽管状夹板，不要再对患肢进行注射。将病牛放在铺垫尽可能好的环境，减少并发症的发生。

六、胫神经麻痹

(一)病因 成年奶牛和犊牛的胫神经损伤常由在股后侧肌肉下部注射刺激性药物或大剂量其他药物引起。犊牛比成年牛更易发生。该区域的脓肿、血肿、浆液性肿块也能压迫胫神经，趴卧病牛可发生波及该神经和相关肌肉的腔隙综合征。

(二)症状 胫神经分出运动神经到腓肠肌、腘肌、深浅指屈肌。因此，胫神经麻痹或部分损伤可影响这些肌肉的功能，引起系关节突出和跗关节伸展减少或屈曲。跗部不出现像坐骨神经麻痹时那样的下垂或降低现象，但由于系关节突出很难判断，看不到病牛用趾背侧支撑站立现象，行走时也无腓神经或坐骨神经完全麻痹时趾部拖地的症状。在行走时患肢能全部负重，但休息时可能减负体重。病牛站立时，跗关节、系关节和冠关节屈曲，患肢稍向前方伸出，以蹄尖着地。运动时，因有髂腰肌协助，患肢虽能提高，但所有关节高度屈曲。久病则肌肉萎缩，股部和臀部两侧明显不对称。

因胫神经提供跖部和趾的感觉传导，所以胫神经麻痹可导致该部位皮肤痛觉消失。

胫神经损伤或麻痹必须同坐骨神经部分损伤、腓肠肌腱和肌肉部分损伤及腓神经麻痹相区分。

(三)治疗 胫神经麻痹的治疗为对症治疗,这类似于坐骨神经损伤。在某些病例,胫神经的损伤可能是坐骨神经部分损伤的表现。若在股下部出现脓肿、血肿或浆液性肿块,应进行相应的治疗。

第三节 黏液囊、腱及腱鞘疾病

一、腕前黏液囊炎

腕前黏液囊炎,又名腕部水瘤或称膝瘤,是奶牛常见病之一。本病很可能是布氏杆菌病的一个症状,也可能属于一种遗传病,特别是种公牛患有本病时,所生后代的发病率较高。

(一)病因 由于奶牛舍饲,经常在水泥或其他坚硬粗糙并缺乏垫草的地面上起卧,使腕前与地面反复撞击;或饲槽设计不合理,系缰过短,使得腕关节前面易碰到饲槽、栏杆等;或遗传和继发于某些传染病(结核病、布氏杆菌病)以及腕前周围组织的外伤感染等均可引起本病。

(二)症 状

1. 急性浆液性炎的症状 腕关节前下方呈局限性圆形肿胀,触诊有热痛、波动和捻发音,运动时有轻度跛行或不明显。

2. 慢性浆液性和浆液性纤维素性炎的症状 出现水瘤多半已转入慢性炎症阶段。因渗出液增多,局部呈现巨大的圆形肿胀,由于皮肤结缔组织增生,导致皮肤增厚、脱毛、角质化或成胼胝状,上皮不断剥脱,但很少能自行溃破。触诊肿胀部坚硬，无热、无痛，运动时无跛行，但肿胀过大时可出现轻度跛行。

3. 化脓性炎的症状 腕关节前出现弥漫性肿胀，触诊有热痛和波动。运动时跛行明显。穿刺有脓液排出。皮肤有破口时，可生成持久性的瘘管。

（三）诊断 主要依据临床症状进行诊断。无痛、无热，肿胀位于腕前面略下方，是本病的临床特征。

要注意和腕桡侧伸肌腱的腱鞘炎相区别。腕桡侧伸肌腱的腱鞘炎呈纵行的分节状肿胀，指压时肿胀内的液体可互相流动。急性腕桡侧伸肌腱的腱鞘炎有跛行症状。

要注意与腕关节滑膜炎相区别。腕关节滑膜炎的肿胀位于腕关节的上方和侧方，触压时有疼痛感。急性腕关节滑膜炎有运动功能障碍。

（四）防治 消除病因，制止炎症。将牛转移至有土壤的地面并铺以厚的垫草，使腕部不再受到机械撞击的地方。

1. 急性黏液囊炎的防治 初期应用冷敷。必要时穿刺抽出渗出物，再注入盐酸普鲁卡因青霉素可的松混合液，或醋酸氢化可的松注射液，每隔 1～2 天使用 1 次，最后装压迫绷带。待急性炎症缓和后，为促进渗出物的吸收，减轻炎症，可应用温热疗法、酒精鱼石脂温敷、涂敷用醋调制的复方醋酸铅散或雄黄散等。

2. 慢性黏液囊炎的防治 症状较轻的病牛，可采用各种刺激性的软膏或搽剂，如碘软膏、樟脑软膏、雄黄软膏、鱼石脂软膏、四三一合剂、氨搽剂等。

慢性病例只有应用手术疗法才能根治。手术切开黏液囊，清除内容物，并彻底刮除或切除黏液囊壁的内层。可于切开前 1 周左右先向囊内注入 10％碘酊、5％硫酸铜或 4％甲醛溶液，使囊壁增厚或坏死，然后再行摘除。在局麻下，于黏液囊的基部皮肤做一梭形切口，将黏液囊钝性整体剥离，彻底止血，结节缝合，伤口下角留排液口，绷带包扎。多余皮肤不要切去，以免皮肤收缩导致切口裂开。手术中要防止出血，因为腕前有动、静脉网，如果预防性止血不彻底，则手术时往往出血不止。在剥离广泛粘连的腕前黏液囊时，应防误伤腕关节囊，避免造成外伤性腕关节炎。术后限制活动1周。

3. 化脓性黏液囊炎的防治 若化脓成熟，应早期切开排脓，并用锐匙刮除囊壁内层组织，用防腐消毒液冲洗囊腔，以后按化脓创治疗。

二、屈腱炎

屈腱炎是由于肌肉的腱质剧伸而引起的腱的炎症。牛的屈腱炎多发生在指(趾)浅屈肌腱、指(趾)深屈肌腱和系韧带，并以后肢多发。

(一)病因 屈腱炎是腱的纤维部分断裂后的一种病理过程，通常在过度用力或剧烈的不协调运动中屈腱过度紧张和受到牵引，超过固有弹性和韧性的生理范围，使腱的个别纤维或腱束断裂，局部溢血肿胀，继之出现炎症反应，少数也可因外伤和邻近炎症的蔓延而引起。

(二)症状 急性屈腱炎时屈腱肿胀，触诊患部增温、疼痛。站立时系关节屈曲，仅以蹄尖着地，减负体重。运动时呈支跛。

慢性屈腱炎时屈腱出现肥厚，触诊局部无热无痛，硬固不平，弹性减退，与周围组织粘连，皮肤无移动性。运动时跛行不明显，但系关节下沉不充分。严重时，增殖的纤维组织和瘢痕组织使腱失去弹性而伴发短缩，呈现腱性突球。

（三）防　治

1. 初期急性屈腱炎的防治　为了制止溢血和渗出，于发病后12小时内用2%醋酸铅溶液或复方醋酸铅散冷湿绷带敷于患部。包扎后每隔2～3小时浇注食醋或醋酸铅明矾水（醋酸铅20克，明矾10克，冷水500毫升），使绷带保持湿润。若患部有创伤，可用2%石炭酸溶液或2%硼酸溶液冷敷，或用0.25%盐酸普鲁卡因溶液做环状封闭。急性炎症缓和后，可用饱和硫酸镁溶液热敷，也可应用鱼石脂、酒精绷带，或用四三一合剂、樟脑软膏涂擦。

2. 急性炎症缓和后的防治　可改用温敷法、酒精温敷法或石蜡疗法等。患部涂布樟脑软膏或用二黄栀子粉（大黄、黄芩、栀子各等份，研成细末）加蛋清调匀贴敷，也可用0.5%盐酸普鲁卡因注射液40毫升加醋酸氢化可的松注射液于患部注射。

3. 慢性屈腱炎的防治　可涂擦刺激剂如四三一搽剂、樟脑酒精等，也可用石蜡疗法。用醋酸可的松2～3毫升，加等量0.5%盐酸普鲁卡因注射液注入患部皮下，每隔4～6天使用1次，3～4次为1个疗程；也可涂擦强烈刺激性软膏，如5%赤色碘化汞软膏；或在患部进行点状或线状烧烙疗法。

当腱短缩而呈现突球时，可进行腱的延长或切断术。

三、腱损伤

本病又称为外伤性腱割断。奶牛腱损伤多数发生在后肢的深（浅）屈肌腱，也能波及最深层的悬韧带，很少发生跟腱断裂。

（一）病因　以牛舍粪铲或其他锐利工具误伤屈肌腱为主，也有因挤奶时牛不安，两后肢向后乱跳、乱踢，碰在尖锐异物上所致。滑倒、跌倒和公牛交配时跟腱极力收缩，亦可发生跟腱断裂。仅有少数是由先天性腱组织发育不良并受到轻微损伤而发生，这类牛腱组织脆弱，属于先天性腱损伤。此外，由于腱的疾病，使腱的弹性消失、腱部的坏疽和化脓均可继发腱断裂。

(二)症状　屈腱全断裂的病牛，站立时患肢不能负重，运步时呈支跛，触诊局部有热痛反应，断裂处可摸到缺损部。但由于各腱的附着部不同，而出现各种异常姿势。如浅层腱断裂，负重时系关节显著下沉，蹄尖稍向上翘；如浅、深层腱断裂，负重时蹄踵着地，蹄尖明显上翘；如浅、深层系韧带全断裂时，负重时所有指关节发生背曲，系关节着地。跟腱断裂，站立时患肢腱关节显著屈曲，跗关节下沉，跖部与地面呈斜位，触诊跟骨头附近，跟腱显著弛缓，断裂处凹陷或有疼痛性肿胀。被动屈曲跗关节时，不见抵抗，伸展时有疼痛反应，运动时呈现高度支跛。如深层肌腱在系关节下部断裂，则蹄底转向前上翻而指部背屈，以系关节前方皮肤着地支持体重。若断裂发生在系关节上方，则系关节的某些支持力消失，下沉到其正常位置以下。如果悬韧带也发生断裂，由于它的所有支持组织都消失，系关节可下降到地面。屈肌腱和悬韧带被割断时，常常使动脉和静脉也被割断，伤口以下的组织失去血液供应，若不能及早建立侧支循环，则将出现缺血性坏死。上述情况发生后，经过5～7天如果伤口下方(末梢)组织感到发凉，往往是组织发生坏死或坏疽的指征，需特别注意。

(三)防治　本病主要在于预防。一旦发生则应及时抢救、包扎与固定，局部和全身应用抗生素。

1. 不全断裂时的防治　采用石膏绷带或夹板绷带固定，尚有治愈的希望。

2. 全断裂时的防治　首先进行创伤的外科处理，再根据具体情况采用皮外腱缝合或创内腱缝合法，或二者同时应用，最后装着有窗石膏绷带或夹板绷带固定。

(1)皮外缝合法　屈曲系关节，让腱的两个断头尽量靠近，以最粗丝线穿针，在离上部断裂4～5厘米处横穿皮肤和腱，从对侧皮肤穿出，再于穿出点的下方1～2厘米处同样横穿皮肤和腱，将两线端结节固定。用同样的方法将腱的另一端缝合，最后将两端的余线分别作内侧和外侧的纵向结节固定，使腱的上、下断端接近，再将皮肤伤口结节缝合。

(2)创内缝合法　将皮肤伤口分别向上下扩创，充分显露断腱，然后以交叉缝合法将腱断端接近，最后结节缝合皮肤。

腱断端缝合时，在无菌操作下进行，缝合后应加强病牛的护理，为腱愈合创造条件，否则治疗会失败。

也有人认为断裂的腱一般不用缝合，因为腱组织的修复能力很低，当缝线成为一种异物存在时，更延缓了修复的进程。近年来，国外应用碳纤维诱发缺损腱的再生取得了很好的成效。将碳纤维植入损伤腱，其实是起到一种支架作用，以便结缔组织攀援而上。在应用碳纤维时，必须采用外固定(石膏绷带、铁板、夹板)，直至愈合为止。

四、腱鞘炎

牛的腱鞘炎可发生于指(趾)部、腕部、跗部的腱鞘，多由外伤、牵张、感染等造成。

根据有无感染，分为无菌性和化脓性腱鞘炎。根据病程又可分为急性腱鞘炎和慢性腱鞘炎。临床上以无菌性炎症较多，而化脓性炎症较少。

(一)病因　常由于腱过度牵张和外伤(滑倒、跌倒、打击)所引起，也可继发于某些传染病(结核病、布氏杆菌病、流行性感冒）和周围组织炎症的蔓延。

（二）症状 急性浆液性腱鞘炎，在关节周围腱的径路上出现长条状波动性肿胀，触诊时温热、疼痛较明显，站立时患肢屈曲，以蹄尖着地，运动时有不同程度的功能障碍。

急性化脓性腱鞘炎患部呈现剧烈的炎症现象，功能障碍明显，同时有体温升高、食欲减少等全身症状。若腱鞘有伤口时，则不断流出混有滑液的脓汁。

慢性腱鞘炎腱鞘内蓄积多量滑液，患部出现肿胀，波动明显，温热、疼痛不显著，一般运动时无跛行。当变为慢性纤维素性腱鞘炎时，腱鞘壁肥厚硬固，严重时可引起腱和腱鞘发生钙化或骨化，最后可引起关节变形和肢势改变。

（三）防　治

1. 无菌性腱鞘炎的防治 应制止渗出，促进吸收，消除积液，防止感染和粘连。根据渗出物的性质和发展阶段的不同，采用不同的治疗方法，可参考屈腱炎的治疗。

当腱鞘腔内渗出液较多不易被吸收时，可行穿刺抽出渗出液，并注入2%～4%盐酸普鲁卡因青霉素注射液或醋酸氢化可的松注射液10～15毫升，每隔1～2日使用1次，连用2～3次，配合压迫绷带和热敷疗法，常可收到较好效果。

2. 化脓性腱鞘炎的防治 若化脓成熟，应穿刺或切开排脓，用1%盐酸普鲁卡因青霉素注射液冲洗，并用20%硫呋液温敷，按化脓创处理。

五、腕、跗关节囊肿

本病是指关节的突出部重复蒙受损伤所引起的皮下组织内浆液积聚。临床上以腕关节背侧和胫骨近端外侧、跗关节外侧常见。通常腕关节部发生的称为水瘤，跗关节部发生的称为飞节肿。水瘤和飞节肿过去常认为是黏液囊炎，现在认为它们不是真正的黏液囊发炎，而是重复损伤或卧于坚硬地面所引起的浆液在皮下组织内的积聚。

(一)症状 本病呈慢性经过。初期常不被发现，随着炎症的加剧，渗出物数量显著增加，渗出物大量积聚，腕前部和跗关节出现很大的隆起，局部呈局限性、波动性肿胀，肿胀呈圆形或卵圆形，无功能障碍，无疼痛感，故对奶牛影响不大。由于渗出物中纤维蛋白的析出和结缔组织增生，囊壁增厚，水瘤变得硬固。随病程延长，水瘤体积极度增大，在运动时皮肤经常遭受机械性刺激而发生硬化或角化。少数水瘤因皮肤擦伤和病变为条件性微生物如化脓性放线菌侵入提供条件，引起囊腔感染，病牛关节周围肿胀、疼痛、屈曲或触诊囊腔下关节时运动避闪。当水瘤感染后，由于治疗不及时或不当，炎症扩散可引起脓毒性关节炎或腱鞘炎，致使全身症状加重。

(二)防治 通常对水瘤是在皮肤上涂搽发泡剂，也可抽出炎性分泌物，并向囊内注入盐酸普鲁卡因青霉素，最后于关节处装压迫绷带。当水瘤过大时，可施行手术。已感染的水瘤应及时做外科处理，扩开囊壁，放出脓汁，用0.1%高锰酸钾溶液冲洗干净，全身应用抗生素治疗。

预防的关键是减少对关节部位的摩擦。

第四节　骨骼和肌肉疾病

一、骨　折

骨的完整性或连续性遭受破坏时，即称为骨折。骨折部周围的软组织，包括筋膜、肌肉、腱、神经、血管，亦可同时发生各种不同程度的损伤。牛的骨折常见于四肢长骨和骨盆。

(一)病因 骨折多数是偶发的，主要与饲养管理、保定不当有关。

1. 外伤性骨折的病因

(1)直接暴力 由各种机械外力直接打击而发生，如车辆冲撞、翻车、滚坡、重物压轧、角撞、打击等。骨折的周围组织损伤较为严重，大都有伤口存在。

(2)间接暴力 指外力通过杠杆、传导或旋转作用而使远处发生骨折，如摔跌、奔跑、跳跃时扭闪、急停、跨沟滑倒等，可发生四肢长骨、骨盆骨或腰椎的骨折；肢蹄卡于铁轨、木栅缝隙时，肢体可因旋转而发生骨折。

(3)肌肉牵引 肌肉突然强烈收缩，可导致肌肉附着处的骨骼撕裂。

2. 病理性骨折的病因 如患有骨髓炎、骨疽、骨软病、佝偻病、衰老、妊娠后期或高产奶牛泌乳期中、营养神经性骨萎缩，以及某些遗传性疾病如牛卟啉症、四肢骨关节畸形或发育不良等，这些处于病理状态下的骨骼，疏松脆弱，应力抵抗降低，只要遭受不大的外力，就可引起骨折。慢性氟中毒可发生于所有的草食动物，其中以牛最为易感。犊牛主要表现为骨的钙化不全，成年牛主要表现为脱钙，因此常可导致第三指(趾)骨骨折。

(二)分类 骨折可根据发生原因、性质、程度以及软组织情况等进行分类，方法很多。临床上比较有实际意义的包括以下 2 种。

1. 按骨折处是否与外界相通和骨折程度分类 按骨折处是否与外界相通可分为闭合性和开放性骨折，按骨折程度可分为不完全性和完全性骨折。

2. 按骨折段的移位分类　大多数骨折均有典型移位，这是由于暴力作用的方向和大小、肢体远侧段的重力和肌肉牵曳力以及人为因素而引起。临床常见的包括成角、侧方、短缩、延长、旋转移位等。

（三）症　状

1. 专有症状

（1）*变形*　由于骨折两断端因受伤时的外力、肌肉牵拉力和肢体重力的影响等，造成骨折段的移位，骨折部外形和解剖结构发生显著变化，患肢可呈现弯曲、缩短或延长等异常肢势。诊断时可用测诊的方法与健侧对比。例如，骨盆骨折可测量髋结节至荐结节和大转子至坐骨端之间的距离，两侧对比；四肢骨折可测量一个关节（或某一骨隆起）至另一个关节（或骨隆起）的长度。检查时两肢必须放于同一位置上进行对比才可靠。

（2）*异常活动*　正常情况下肢体完整而不活动的部位，在骨折后，如果负重或做被动运动时，可以发生不正常的活动。如四肢长骨骨干完全骨折时，由一人固定该长骨的近端，另一人将远端晃动，可以出现屈曲、旋转等异常活动，同时有疼痛表现，这在诊断上有很大价值。但肋骨、椎骨、蹄骨、干骺端等部位的骨折，异常活动通常不明显或缺如。

（3）*骨摩擦音*　骨折段互相摩擦时，可听到两骨折断端互相触碰所发生的骨摩擦音，或感到有骨摩擦感。但在不完全骨折、局部肿胀严重或骨折断端间嵌入软组织时，通常听不到骨摩擦音。

上述3种症状，只要发现其中之一，即可确诊为完全骨折。

2. 其他症状

（1）*疼痛*　由于骨膜、神经受损，骨折后立即出现疼痛，在主动或被动运动时疼痛更剧。病牛不安、避让、全身发抖。骨裂时，用手指压迫骨折部，呈现线状压痛。

（2）出血与肿胀　骨折时骨膜、骨髓和周围软组织血管破裂出血。开放性骨折时，血液可经伤口向外流出。闭合性骨折时，根据骨折的部位、受伤血管的大小以及软组织损伤的轻重而决定其肿胀程度，血液可蓄积在骨折周围，形成血肿，同时骨折部周围的软组织亦因受暴力损伤而发生水肿，使患部肿胀更为显著。浅部骨折，如胫骨、尺骨、桡骨等骨折，血肿易显露；肿胀有下坠性，皮肤紧张发硬。随着炎症的发展，肿胀从伤后起，在 1 周内很快发展，如不发生感染，一般经 10～15 天后逐渐消散。深部骨折，如骨盆骨折，血肿常不显露。

（3）功能障碍　以四肢的完全骨折最为明显，由于骨折后肢体失去杠杆和支撑作用，同时因剧烈疼痛而引起不同程度的功能障碍。功能障碍都在受伤后立即发生，如四肢长骨的完全骨折，突发重度跛行，站立时患肢悬垂，不能负重，运动时呈三肢跳跃前进；不全骨折时，患肢常用蹄尖着地以减负体重，运动时呈中度跛行。四肢上部的骨折，常以系关节背面着地拖曳前进，对侧健肢不能提举，病牛起卧十分困难。胸椎、肋骨、腰椎等骨折，若伤及内脏，可引起内出血，伤及脊髓可致相应部位的后躯瘫痪。下颌骨骨折时可发生咀嚼障碍，颅骨骨折可发生相应的脑神经功能障碍等。但如尺骨、腓骨的单骨折、骨突骨折、不全骨折等，功能障碍可能不明显。

以上症状在新鲜骨折时常存在，但并非骨折所专有，在软组织损伤和炎症时亦可发生，此时必须进行 X 射线诊断方能确诊。

（4）全身症状　严重骨折伴有内出血、内脏破裂、脑损伤时，应注意预防休克和急性大失血的发生。闭合性骨折于伤后2～3天，可能有轻度体温上升，称为伤热，一般可不予处理。骨折部若继发感染，则体温升高，局部疼痛加剧，食欲减少，精神沉郁。

3. 常见骨折的症状

(1)指(趾)骨骨折　是牛发生较多的骨折。蹄骨骨折最常见于前蹄的内侧指或后蹄的外侧趾。

指(趾)骨骨折常因不知原因的损伤造成，骨折后突然发生跛行，病牛常卧倒，不愿以患肢负重。简单骨折时，只有很小的移位，X射线检查很容易确诊。

治疗主要用外固定固定后，放在垫有厚垫草的牛舍内休息静养，2～3个月可愈合。

(2)掌(跖)骨骨折　掌骨和跖骨骨折是最常见的骨折，几乎占所有骨折的50%。掌骨骨折比跖骨骨折发生率高。产犊季节因难产时过度牵引胎儿前肢所致。通常为产科绳被错误地系于掌部，致使扭力和张力过大，造成掌骨骨折。

掌(跖)骨骨折，因该部软组织较少，故骨折症状明显，容易摸到骨折部。

(3)肩胛骨骨折　肩胛骨骨折在牛罕见。发生肩胛骨骨折与大的外伤性损伤有关。

肩胛骨发生骨折的部位，依次为肩胛冈、肩胛骨颈、肩胛骨背侧缘和肩峰。除了肩胛骨颈和肩臼骨折外，其他部位的骨折预后良好。肩胛骨颈骨折时，可有严重的软组织损伤，出现明显的局部症状，可形成血肿。肩胛冈和背缘骨折时应将骨碎片取出，以免腐骨形成，影响愈合。

(4)臂骨骨折　牛臂骨骨折的发生数量不超过全部骨折发生数量的5%，常发生于小公牛。牛互相爬跨可引起臂骨骨折，骨折部位多在骨干，常为螺旋形骨折，也有粉碎性骨折。病牛突然发生跛行，经常卧地，不愿起立。肩关节下沉，病肢变长。患部疼痛肿胀，初期可听到骨摩擦音。

臂骨骨折容易继发桡神经损伤，出现桡神经麻痹症状。发生骨折后几小时内可并发严重并发症，如肌肉严重损伤和血肿等，所以在3～4天以后，不可能将两骨折端对合。成年动物也不可能固定。

(5)桡骨和尺骨骨折　牛桡骨骨折的发生率约占骨折总数的7%。大多数发生于年轻牛，而且都与外伤性因素有直接关系。常为骨干部斜骨折或螺旋骨折，尺骨常同时与桡骨一起折断，患肢重度支跛，三肢跳跃前进。患部肿胀、疼痛、异常活动和骨摩擦音都很明显。桡、尺骨骨折外固定不确实，因外面有强大的肌肉，特别是肘关节不易固定，所以许多桡骨骨折用外固定不能得到愈合，内固定效果也不理想。年轻牛骨折时，治疗效果可能好一些，随着体重和年龄的增大，治疗效果递减。

(6)跗骨和跟骨骨折　跗骨和跟骨骨折在牛少见，由大的外伤性因素直接作用引起，常为开放性骨折。跟骨骨折系由动物跌倒到垂直的地沟或相似的洞穴内引起的，或腓肠肌腱突然强力牵引也可引起。

跗骨和跟骨骨折出现明显跛行、粉碎性骨折时，局部反应更严重。大多数动物在跗骨骨折时可并发明显的关节炎。

治疗措施为休息和外固定。开放性骨折时应注意取出碎骨片和清洗，控制感染。

(7)胫骨骨折　牛胫骨骨折约占骨折的12%，常为外伤性因素引起。骨折常发生在骨干中央和远端，常为粉碎性骨折。治疗效果一般不佳。

(8)股骨骨折　新生犊可能因难产牵引引起股骨骨折，比较大的犊牛在被追赶和运输时可能发生股骨骨折。成年牛发生股骨骨折少见。以骨干斜骨折、股骨颈骨折为多见，有时为粉碎性骨折，有的伴发髋关节脱位。骨折后突然发生重度跛行，病肢明显短缩，常外展下垂，被动运动时出现异常活动，有剧痛和骨摩擦音。有时在股内侧可摸到骨折部。骨折若发生在股骨颈，容易与髋关节脱位相混淆，但骨折时可听到骨摩擦音，同时患肢有较大的活动性。典型的股骨骨干骨折通常从临床症状和触诊即可确诊，但股骨骨干骨折常伴有严重肿胀，甚至有血肿形成，诊断时应注意鉴别。股骨颈和股骨头骨折，跛行表现类似，患肢不负重或很少负重，肢外旋，很快出现臀部肌肉萎缩，活动患肢可听到摩擦音，但确诊需通过 X 射线摄片。可用髓内针或带套扣骨螺钉固定。用保守疗法治疗，有些病例也可成功，形成假关节，但可以负重。

(9)骨盆骨骨折　最常见的为髋结节骨折，其他部位的骨折少见。引起骨盆骨骨折的原因常是外伤性的，如跌倒、互相爬跨、碰撞、难产时强力牵引、骨质疏松等均为其致病因素。发生骨盆骨骨折后，出现不同程度的跛行。髂骨骨折和荐结节骨折可有明显变形。髂骨干骨折时，整个骨盆的一侧前部下沉。直肠检查在诊断骨盆骨骨折是有用的诊断方法。除髋结节骨折外，一般预后不良。

(10)髋结节骨折　是牛在硬地滑倒或摔倒时直接致伤引起，也有的牛因拥挤撞击引起。一般为非开放性骨折，不必进行治疗。两侧髋结节不对称，患部塌陷，由于肌肉收缩，骨片向前下方移位，测量患侧髋、荐结节之间的距离较健侧短，功能障碍轻微。有的牛离断的骨已变为腐骨形成窦道时，需手术治疗。

髋臼缘骨折可引起股骨脱位，发生持久性跛行和严重的骨关节炎。

(11)耻骨骨折　常发生于老龄的多产母牛，由于骨质疏松而引起。病牛斜身细步前进，站立时患肢内收，将患肢向侧外后方转动时疼痛剧烈，发病初期腹部和乳房（公牛阴囊）部水肿。

(12)坐骨结节骨折　骨折部肿胀，会阴部水肿，触压坐骨结节，可感知骨断端活动及骨摩擦音。两侧臀端不对称。

(13)髂骨体骨折　常见于母牛分娩时或产犊之后，有时因外伤而引起。患侧的臀部由中线逐渐向髋结节下降，左、右不对称。直肠检查时，可发现骨折部位。被动运动患肢，有时可感到骨摩擦音，出现严重跛行，患肢拖地前进。骨盆轮廓异常，常常伴有血肿，并有损伤神经干和大血管的危险。

(14)骨骺分离　骨骺分离发生在 3～12 月龄的牛。因骨尚未完成骨化，遇外力容易造成离断，这与骨折有所不同，但症状类似，应注意鉴别。

骨骺分离通常发生的部位为股骨近端和远端、胫骨近端、掌骨远端和跖骨远端。

(四)诊断　通过问诊，根据外伤史和上述特有症状与其他症状，即可对开放性骨折和完全骨折确诊。但闭合性骨折和不完全骨折必须应用下列各种方法做辅助检查。

1. X 射线诊断　是诊断骨折极有价值的一种方法，能够显示临床检查无法发现的损伤和移位。不完全骨折、深部骨折、关节脱臼伴有小骨片撕脱者，常需用 X 射线检查以确诊。检查时要拍摄前后位、侧位两个方位，必要时加斜位比较，才能清楚地了解到骨折的形状、移位和愈合情况。

2. 直肠检查 骨盆、腰椎部的骨折，进行直肠检查，可以摸到骨折部变形、肿胀或骨痂增生等病变。

3. 骨折传导音检查 用听诊器置于骨折的任何一端隆起部作为收音区，以叩诊锤在另一端的骨隆起部轻轻叩打，上下、内外对比，患肢与健肢对比，根据骨传导音质和量的改变，可以判断有无骨折存在。正常骨的传导音有清脆实质感，骨折后音变钝而浊，有时甚至听不清。

(五)防治 骨折发生后，于原地进行急救，不让病牛走动，其目的是保护伤部，防止伤口污染和一系列并发症，预防休克。采用简单有效的方法，进行一般外固定和对症处理，及时送兽医院治疗。治疗主要是复位固定和恢复功能。

奶牛四肢各骨都可发生骨折，骨折的治疗应从经济价值衡量。某些主要支持体重的长骨发生骨折，一般说来治疗的意义不大，应予以及早淘汰。四肢下部骨折可以考虑进行治疗，但其结果也会影响这一胎的泌乳量。对支持体重不重要的某些骨如发生骨折，虽然对泌乳量有一定影响，但经过护理和治疗可以痊愈，但可遗留损征。

犊牛如发生骨折，由于骨的生长速度快，骨膜较厚，骨膜的血液供应也比较充足，不但骨折愈合快，而且对将来产奶也影响不大，骨折后可及时采取治疗措施进行治疗。

腕关节或跗关节以上的骨折治疗需谨慎，只有对价值很高或有潜在价值的犊牛和母牛才予以治疗。如果长骨或椎骨的骨折在生长期牛群频频发生，是发生代谢病的信号，应马上进行营养咨询，以评价饲料中钙、磷和维生素 D 的含量。

骨折外固定常用的材料有夹板绷带和石膏绷带。犊牛应用外固定治疗时，必须在 3 周后拆除更换外固定材料，以适应犊牛的生长发育。

骨折的内固定在应用上仍然有局限性，除体重小的犊牛和育成牛可以获得成功外，成年奶牛没有合适的器材，现有的一些器材不能适应牛的体重，应用后往往失败。实施内固定必须有完善的无菌操作条件和技术，否则不可避免地会造成严重感染。

1. 整复 整骨复位的目的是使骨折断端接着，最好达到解剖学或接近于解剖学的准确对位，为骨折愈合创造良好条件。整复的时间越早越好。为了减轻疼痛，降低肌肉紧张性，应在局部麻醉或全身麻醉下进行整复。

整复的手法很多，原则是“欲合先离，离而复合”，即沿四肢纵轴，将远近骨折段做对抗牵引，使之拉开后再使两断端复位。复位的方法分为以下 2 种。

(1)闭合性复位 应用非手术方法使骨折复位。复位前将病牛倒卧保定，施行全身麻醉、局部麻醉或传导麻醉，以消除疼痛，解除肌肉痉挛。复位时将患肢伸直或放置适当位置，助手将骨折的远侧端进行适当牵引，术者用手托压、挤按，即可使轻度移位的骨折恢复正常。若骨折部肌肉强大，断端发生重叠，复位困难时，可在骨折段远、近两端的稍远处，各系一绳，沿着肢体纵轴适当进行牵引和抗牵引，然后取骨折远侧端凑合近侧端，同时根据不同的情况，采用旋转、屈曲、托压、挤按、摇晃等手法，以矫正成角，旋转侧方移位，力争尽量达到基本矫正。复位是否正确，一般根据肢体外形，抚摸骨折轮廓，特别是与健肢对比，检查两蹄尖的方向，两肢的长短，并测量附近几个突起间的距离是否相等，即可初步判定。有条件最好用 X 射线检查，确认是否达到解剖学的复位。

(2)开放性复位(手术复位) 骨折段复位后，可以采用对牛体组织无异常反应的金属内固定，将骨折段连起来，从而达到解剖学复位的要求。

因为采用开放性复位治疗骨折有发生手术休克、感染、骨痂生成缓慢、骨折延迟愈合或不愈合的缺点，所以绝大多数骨折都应争取采用闭合性复位来治疗。特殊情况如骨折段间有软组织嵌入、闭合性复位和外固定遭受困难时的骨折等，方可采用开放性复位治疗。

2. 固定 合理固定已复位的骨折必须持续地固定在良好的位置，直至骨折愈合为止。临床上常用的固定方法有以下2种。

(1)外固定 目前常用的固定材料有石膏绷带、石膏夹板绷带、水胶绷带、夹板绷带和竹帘绷带等。

(2)内固定 施行手术显露骨折段，在手术伤口中使之复位，然后根据不同情况，采用对牛体组织无异物反应的不锈钢制成的接骨板、螺丝钉、钢丝、髓内钉等内固定物固定骨折段。在内固定后，还必须进行外固定，直至骨折愈合为止。

3. 药物疗法 为了减轻疼痛，可注射安痛定、安乃近等。为预防感染，消除炎症，可应用抗生素或磺胺类药物。对开放性骨折病牛，应及时注射破伤风抗毒素，预防破伤风的发生。此外，为加速骨痂形成，可在饲料中加喂骨粉、南京石粉、碳酸钙、富含维生素C的青绿饲料等，犊牛补充维生素A、维生素D尤为重要。必要时，可以静脉注射氯化钙或葡萄糖酸钙、维生素C等。

骨折初期血瘀积聚，肿胀疼痛，气血不和，可内服活血散瘀、消肿止痛的药物。

(1)消炎汤 柴胡30克，当归50克，穿山甲25克，花粉30克，红花25克，桃仁25克，金银花50克，陈皮25克，赤芍30克，乳香30克，没药30克，白芷25克，甘草25克，防风25克，肿胀较重时加麻黄25克，各药共研为末，以温开水冲调，加黄酒250毫升为引，一次灌服。

(2)新伤续断汤　当归尾、续断、苏木、骨碎补各45克，丹参、泽兰、桑枝、乳香、玄胡各30克，没药、红花、自然铜各15克，地鳖虫60克，水煎2次，混合煎液候温灌服。

(3)接骨散　骨折后期局部肿胀不大，或肿胀已消，可内服接骨散。血竭100克，乳香50克，没药50克，川续断50克，煅自然铜50克，当归25克，地鳖虫100克，制南星25克，红花25克，川牛膝50克，共研为细末，每次服250克，加黄酒500毫升为引，开水冲调，每日1剂，连服5剂，以后酌情服用。

在内服中药的同时，骨折部外敷中药膏效果更佳。例如，取白及200～400克，乳香、没药各50～100克，共研为细末，醋500～1 000毫升。醋先加温，然后加入白及末，熬成糊状，再加乳香、没药，制成白及膏，趁热涂于整复后的骨折部周围，涂布量以超出骨折端各5～7厘米、厚1厘米为宜。再用宽绷带缠紧，边缠边涂至一定厚度(3～4个绷带)，作为内层。稍干后外填棉花，再放上4～6根小竹片固定，最外面加用夹板绷带或石膏绷带。以后每日浇温醋3～4次。

开放性骨折外敷可用红药膏。取猪板油500克，熬油去渣，加入净松香120克、樟脑60克、黄蜡180克，熔化后再过滤，然后于滤液中缓慢加入乳香末、没药末、血竭末各12克，儿茶末30克，待冷却至40℃以下时，再加麝香1.5克，冰片12克，搅拌即成。

4. 物理疗法　骨折愈合的后期，常出现肌肉萎缩、关节僵硬、骨痂过大等后遗症，可增强功能锻炼，局部加强按摩、搓擦，同时配合温热疗法、石蜡疗法或醋酒灸法等，以促使早日恢复功能。

5. 功能锻炼　在治疗骨折的过程中，功能锻炼是不可忽视的一环。应按“动静结合”的原则，既要保持整复后的正确对位和固定，又要适当合理地运动，以促进血液循环，增强组织代谢，加速骨痂形成，促进功能恢复，防止产生后遗症。

骨折复位固定后，将病牛拴在四柱栏内或牛舍内限制其活动，保证断端对位，这对骨痂形成有促进作用，但要对患肢进行按摩和人工伸屈患肢关节，也可同时涂搽樟脑酯等刺激性药物，以促进血液循环和消肿，防止肌肉萎缩、关节僵硬等后遗症。骨折固定35～50天后，骨折已愈合，可以拆除外固定，3天后可将病牛牵到舍外运动，逐渐增加运动量。

犊牛四肢骨骨折装着固定绷带后，让其自由活动。3～4周后即可解除固定。

二、肌肉断裂

肌肉的完整性被破坏称为肌肉断裂。可分为自发性或损伤性断裂、部分断裂和完全断裂。在前肢常见于冈上肌、冈下肌、肩胛下肌、臂二头肌和臂三头肌。在后肢常见于胫骨前肌、腓骨第三肌。肌肉断裂常发生于肌肉与骨的固着点，肌纤维与腱质的移行部以及肌纤维长而腱短的肌腹上。

(一)病因 由于外界直接或间接暴力作用，如冲击、跌倒、跳跃、滑倒等引起肌肉过度紧张，导致肌肉完全或部分断裂。在肌肉发生某些疾病(如肌炎、肌肉疾病)时常易继发肌肉断裂。

(二)症状 病初患部肿胀，触诊有凹陷、疼痛，运动时有跛行。由于肌肉断裂部位不同，尚有下列不同症状。

1. 冈上肌断裂的症状 冈上肌的作用是伸展肩关节。该肌断裂后，病牛运动时呈现高度运跛，站立时肩关节稍向下沉。

2. 冈下肌断裂的症状 冈下肌的作用是固定肩关节。该肌断裂后，病牛运动时呈现高度支跛，肩关节显著外偏。

3. 肩胛下肌断裂的症状 肩胛下肌的作用为内收肩关节。该肌断裂后，病牛运动时呈现明显的支跛，在患肢负重的瞬间，肩关节向外开展；站立时肩关节也向外开展。

4. 臂二头肌断裂的症状 臂二头肌的作用主要是屈曲肘关节，尚能伸展肩关节。该肌断裂后，病牛站立时肩关节和各个指关节均呈屈曲姿势，患肢常呈悬垂状态；运动时拖曳前进，呈现高度的混合跛行。

5. 臂三头肌断裂的症状 臂三头肌的作用是伸张肘关节。该肌断裂后，病牛运动时患肢的所有关节均屈曲，拖曳前进；站立时患肢不能着地负重，同时肩关节显著开张，肘关节下沉。

6. 胫骨前肌与腓骨第三肌断裂的症状 二者合称跗前屈肌。胫骨前肌的作用是屈曲跗关节，而腓骨第三肌只是起机械配合作用。二者断裂时，病牛站立时跗关节高度伸直，跗关节与跖部接近形成一条直线，向后提起，可达水平，跟腱弛缓；运动时呈现明显的运跛。

(三)防治 病牛应安静休息，加强饲养管理和护理工作。

病初急性症状显著时，可用冷敷或封闭疗法，随着炎症缓和后可用温热疗法、石蜡疗法、局部涂搽消炎软膏，并可适当进行轻度按摩。

根据病情需要，在患肢用石膏绷带、夹板绷带固定某些关节和局部，持续一定时间，可以加速愈合。

必要时可应用红外线和离子透入疗法。

三、肌 病

肌病是趴卧病牛最为常见的并发症。趴卧可发生于产后、围产期低钙血症、感染性疾病、偶发性损伤以及肌肉骨骼的损伤。对运动性肌病和腔隙综合征的发病机制进行全面而深入的了解，对诊断、治疗和预防病牛趴卧是十分必要的。

（一）病因 挣扎、努力站起时动作不协调，被困于淤泥、粪便、铁丝或其他设施时奋力挣脱，以及在有冰或湿滑的水泥地面上多次挣扎欲起等，都是造成运动性肌病的原因。肌肉多次过劳可导致肌肉微观或大体的损伤，细胞破裂、水肿、出血，释放出乳酸，最后可引起坏死或纤维化。根据病牛的姿势、体重和所处环境不同，可损伤不同的肌肉群，但后肢的肌群最常受到损伤。如果发生闭孔神经麻痹，病牛两后肢劈叉或在光滑地面上两肢叉开，内收肌群可能受伤。“爬行奶牛”在两肢后伸的状态下向前爬行或挣扎欲起，则股四头肌可能受损。如果病牛不断挣扎，但由于太弱而起立失败，则可伤及腓肠肌或股后侧的半腱肌和半膜肌。在大多数情况下，原发病（例如低钙血症）引起躺卧，之后病牛由于奋力挣扎或被留在光滑地面上而继发肌病。

腔隙综合征是另外一种继发的并发症，原发病为代谢病、神经疾病或肌肉骨骼的疾病，这些疾病均可引起病牛长时间躺卧。腔隙综合征引起躺卧侧肢缺血（通常为躺卧奶牛的后肢），缺血导致膝关节以下肿胀并由于筋膜内的肌束和神经水肿以及压迫性坏死而伴发神经肌肉损伤。此外，坐骨神经可在股骨近端后侧发生损伤，而腓神经在膝关节下方的腓骨近端可受到直接压迫。患腔隙综合征或压迫性肌病的躺卧病牛，压迫肢膝关节与跗关节之间的腓神经常受到损伤。

(二)症状 运动性肌病或腔隙综合征的特征是病牛不能站立,或患肢不能正常负重的肢体功能障碍。症状可包括四肢肌肉肿胀、四肢僵直、不能站起、伴有突球的肢屈曲等。因受损的肌群以及骨骼、神经所受损伤的不同,病牛的姿势和症状也不尽相同。急性肌病的肌肉肿胀可表现为硬肿,但在大多数病例,肌肉相对来说比较软,缺乏张力,故在物理检查时见到肌肉肿胀、不对称以及站立、躺卧和欲起时的典型症状即可做出诊断。也可用试剂条检查病牛尿液,做简单的辅助性实验以证实诊断。在最严重的肌病,可有明显的、肉眼可见的肌红蛋白尿,尿液呈棕色或深红色,浑浊。不太严重的病例,尿液可呈清亮的棕色或清亮的淡黄色,但用多种试剂条试验时,对血红蛋白和蛋白试剂条呈现强阳性反应。因为检验血红蛋白的正甲苯氨试剂条和肌红蛋白也发生反应,所以该试剂条在现场检验肌红蛋白很有用。对有治疗价值的牛或有疑问的病例,应分析血清中的肌酸激酶和天门冬氨酸转移酶,有助于判断预后。

大多数趴卧牛的肌酸激酶和天门冬氨酸转移酶值都有某种程度的升高,所以轻度升高不能作为诊断严重肌病的依据。肌酸激酶的相对值和天门冬氨酸转移酶升高水平可作为诊断和预后的依据。肌肉发生损伤后,肌酸激酶很快达到峰值,但它在血清中的半衰期很短(4～8 小时),而天门冬氨酸转移酶达到峰值要慢得多,可在数天内保持高值或稳定于某一水平。了解这一点非常重要,因为最好在病牛仅躺卧了24～46 小时测定肌酸激酶,而躺卧了 1 周的病牛则应测定天门冬氨酸转移酶。假如肌肉的损伤发生于躺卧的早期,肌酸激酶值大于5 000 单位/升,表明发生了典型的急性运动性肌病,如果大的肌群发生严重的肌肉损伤,肌酸激酶通常超过20 000 单位/升，严重的肌病可使天门冬氨酸转移酶升高至3 000单位/升或更高，达到峰值后这一数值可保持数天。一般来说，肌酸激酶值超过10 000单位/升或天门冬氨酸转移酶值超过10 000单位/升，表明预后不良。病牛由于肌细胞破裂，在急性期可出现血清钾升高并有发生肌红蛋白性肾病的危险。由于大量的乳酸从肌细胞释出，病牛可发生代谢性酸中毒。患严重运动性肌病的病牛(如陷于泥沼中)，许多大的肌群受到损伤，继乳酸、钾和许多来自受损肌肉的其他产物释出之后，可出现休克状态和神经症状。

(三)防治 诊断为肌病之后，兽医必须判定原发性疾病是否已被治疗，或尚需进一步治疗，确定动物是否能够耐受目前的肌病。在许多病例，原发病(例如低钙血症)已得到纠正，而只有肌病是躺卧的原因。在其他病例(如化脓性乳房炎或闭孔神经麻痹)，原发病还存在，又发生继发性肌病，使得预后更坏。明显的肌红蛋白尿提示发生肌红蛋白性肾病的可能，并可发展为肾衰竭，预后不良。如果肌病得以确诊，那些精神状态好、机敏、试图站立并消除了致使病牛躺卧的原发病的病例，最有希望治愈。如认为可以治疗，应遵循以下治疗原则。

1. 加强护理 保证病牛躺卧的地面良好，最好是铺好垫草的隔离式牛栏或室外的土地，在躺卧处饮、喂病牛。对发生产犊麻痹，有外展倾向的后肢应拴系起来以防劈叉，每天应给躺卧牛翻身数次，以减少发生腔隙综合征的可能性。

2. 给予镇痛剂 运动性肌病非常疼痛，应给予阿司匹林或其他非类固醇抗炎药物。虽然二甲亚砜并非镇痛剂，但在急性肌病或腔隙综合征时应给予，因为此时肌肉有炎症并发生水肿。

3. 液体治疗 如果肌红蛋白尿症状明显并可能或已有肾脏损伤，应给予液体治疗。除非实验室提供的数据表明是患有高钾血症或代谢性酸中毒需要给予特殊的液体和电解质，否则液体治疗应给予平衡电解质溶液。

4. 给予维生素E和硒 大多数成年奶牛的血硒浓度不低，但从临床经验来看，给予治疗量的维生素E和硒无害并可保证肌肉修复所需的营养物质。因为实验室测定谷胱甘肽过氧化物酶或硒要花费很长的时间，所以最好提前给予这些药物，而不必等待实验室的报告。

5. 机械或人工帮助病牛站立 最简单的办法是在病牛试图站起时，人为提起牛尾帮助站立。其他机械性助立方法包括使用髋部悬带、牛助行器、充气橡皮囊或其他吊带。采用机械性助立方法时必须谨慎，以免给动物造成损伤。如果护理条件好，最好不必急于使用机械装置，但处于不利环境中的病牛，应在躺卧48小时内给予机械助立，以确定它们站起时是否可以负重。帮助躺卧牛站起也使得兽医师能对病牛做比较彻底的检查，更容易做直肠检查和评价各个肢的负重能力，这对做出预后有极大的帮助。最好选择那些愿意并试图站起，助立后能够自己站立的病牛作为使用机械助立的对象，这些牛通常只需在1～5天内，每天助立1～2次，以后就能自己站起。有些躺卧牛第一次站起后惊恐、害怕、拒绝负重，因此对最初的助立不要期望过高，而只应看作是锻炼。某些发生轻度至中度肌病的牛，在适当护理和治疗后可能获救。患严重肌病或肌病虽不严重但护理、治疗不当的牛预后不良。

第五节　其他与跛行有关的疾病

一、风湿病

风湿病是一种常见的反复发作的急性或慢性全身性胶原组织炎症。其特征是胶原结缔组织发生纤维蛋白变性以及骨骼肌、心肌和关节囊中的结缔组织出现非化脓性炎症。在兽医临床上，牛的关节风湿病比较多见，发病季节以冬春季为主。

(一)病因　风湿病的发病原因目前尚不十分清楚，一般认为与溶血性链球菌感染有密切的关系，但并非链球菌直接感染所引起，也并不发生在链球菌感染的当时，而是在感染之后经过一定时间才发病。因此，风湿病是机体对溶血性链球菌感染而产生的一种变态反应性疾病。动物体质衰弱、过劳、久卧寒湿之地、贼风侵袭、冷雨浇淋、暴饮冷水等均为利于引发风湿病的因素。也有人认为，风湿病是由一种滤过性病毒感染引起的。

(二)症状　按病程的长短分为急性型和慢性型风湿病，按患病部位分为肌肉、关节和心脏风湿病。

1.关节风湿病症状　急性型关节风湿病一般呈对称性发病，多发于活动性较大的关节，如股关节、膝关节、跗关节、肩关节、腕关节等。具有侵害多数关节并且有游走性的特点。患病关节内积聚浆液性或浆液性纤维素性渗出物，因而关节囊紧张、膨胀，触诊有热和剧烈疼痛，关节活动范围变小，站立时患肢屈曲，如数肢同时发病，则病牛长期卧地，运动时有跛行，但随运动减轻或消失。关节内的渗出物完全被吸收，不留下明显的纤维组织增生。全身症状较明显,体温升高,往往伴发风湿性心肌炎或心内膜炎,出现心律失常、缩期杂音等变化。若转为慢性型时,全身症状不明显,关节滑膜、关节囊及其周围组织增生肥厚、变形且轮廓不清,严重时关节发生纤维素性愈着。运动时步样强拘,步幅短缩,跛行随运动而减轻。

2. 肌肉风湿病症状 肌肉风湿病可发生在全身或局部肌肉。主要有以下症状。

(1)急性全身肌肉风湿病的症状 多突然发病,全身肌肉紧张坚实,疼痛明显。背腰强拘,四肢不灵活,运动时呈黏着步样,但跛行随运动增加而减轻或消失。体温升高 1℃~2℃,脉搏加快,呼吸增数,食欲不振,严重者卧地不起。触诊患病肌肉敏感疼痛,有坚实感。若转变为慢性时,上述症状不够明显,但跛行仍存在,触诊患病肌肉僵硬,有时肌肉萎缩、失去弹性、感觉迟钝。

(2)颈风湿病的症状 一侧肌肉患病时,头颈歪向患侧,呈斜颈现象;两侧肌肉同时患病时,头颈伸张,低头困难。

(3)背腰风湿病的症状 背腰弓起,凹腰反应减弱或消失。运步缓慢,背腰强拘,不灵活,起卧困难,经常卧倒。

(4)肩臂风湿病(前肢风湿)的症状 站立时患肢常前踏,减负体重。运动时则出现明显的悬跛。两前肢同时发病时,步幅短缩,关节伸展不充分。

(5)臀股风湿病(后肢风湿)的症状 站立时两后肢交替负重,运动时两后肢提举伸扬不充分,常以蹄尖拖拉前进,运步缓慢,步幅短缩,臀部下沉。

3. 心脏风湿病症状 与心内膜炎和心肌炎症状相似。

(三)诊断 在临床上根据病史和肌肉、关节的疼痛表现,疼痛部位的游走转移,反复发作,时轻时重的现象以及跛行随运动而减轻等特点，一般容易诊断。必要时可进行下述辅助诊断。

1. 水杨酸钠皮内反应试验 用新配制的0.1%水杨酸钠溶液10毫升，分数点注射于颈部皮内，注射后30分钟和60分钟分别检查白细胞变化，如有一次比注射前白细胞减少1/5时，即可判为阳性，检出阳性率达65%。

2. 血液检查 风湿病时血红蛋白含量增多，淋巴细胞减少，嗜伊红白细胞减少（病初），单核白细胞增多，血沉加快。

诊断时应与骨软症、佝偻病、破伤风、多发性关节炎和神经炎等相鉴别。

(四)治疗 以消除病因，加强护理，祛风除湿，通经活络，解热镇痛，消除炎症为主。一般可采用下述方法。

1. 水杨酸制剂的应用 最常用水杨酸钠内服，每次40～80克，每日2次，连用5～7天为1个疗程。或用10%水杨酸钠注射液100～200毫升、5%的葡萄糖酸钙注射液200～500毫升，分别静脉注射，每日1次，连用5～7天。或用10%水杨酸钠注射液200～300毫升、0.25%盐酸普鲁卡因注射液200～300毫升、10%维生素C注射液20～40毫升，分别静脉注射，每日1次，连用5～7天。或用10%水杨酸钠注射液100～200毫升与自家血液50～100毫升混合后静脉注射，每日1次，连用5～7天。亦可用撒乌安注射液（水杨酸钠16克，乌洛托品8克，安钠咖2克，蒸馏水100毫升）静脉注射，每日1次，连用5～7天。

此外，尚可应用复方氨基比林注射液、阿司匹林等药物。

2. 激素疗法 常用的有醋酸可的松500～1 500毫克，肌内注射或穴位注射；氢化可的松200～500毫克，静脉注射或肌内注射；强的松50～100毫克，加入葡萄糖氯化钠注射液静脉注射；地塞米松 2.5～5 毫克，加入 5%葡萄糖氯化钠注射液静脉注射；0.5%的氢化可的松注射液 100～160 毫升，静脉注射。以上用药每日 1 次，连用 5～7 天。2.5%醋酸氢化可的松注射液10～20 毫升，关节腔或肌内、穴位注射，每日 1 次，连用 3～5 次。配合石蜡疗法效果更佳。

3. 抗生素疗法 应用青霉素，以消除溶血性链球菌。

4. 中药和针灸疗法

(1)通经活络散 黄芪 50 克，木通、巴戟天、藁本、破故纸、泽泻、薄荷各 40 克，当归、白芍、木瓜、牛膝各 30 克，共研为细末，开水冲调，候温灌服。前肢痛加桂枝、杜仲；后肢痛加川续断、杜仲，重用牛膝；腰痛加川续断，重用木瓜。

(2)独活寄生汤 独活 50 克，秦艽、熟地黄、防风、白芍(炒)、全当归、焦茯苓、川芎、党参各 25 克，桑寄生 75 克，杜仲、牛膝各 35 克，桂心 30 克，甘草 15 克，细辛 10 克，共研细末，50°白酒 250 毫升。用温水冲服，连服 3～4 剂。

(3)针灸疗法 根据病情的不同采用新针、电针、水针或火针。前肢风湿可针鬐甲、膊尖、肩尖、抢风等穴；后肢风湿可针百会、大胯、小胯、巴山 、邪气、仰瓦等穴；腰背风湿可针百会、肾棚、肾俞、肾角等穴和腰背部进行火鞍疗法。

5. 局部涂搽刺激剂疗法 应用水杨酸甲酯软膏(水杨酸甲酯 15 克、松节油 5 毫升、薄荷脑 7 克、白色凡士林 15 克)、水杨酸甲酯莨菪油搽剂(水杨酸甲酯 25 克、樟脑油 25 毫升、莨菪油 25 毫升)、樟脑酒精或氨搽剂等，涂擦患部。

6. 局部温热疗法 对慢性风湿病为促进局部血液循环，可将酒糟炒热，装入麻袋内，热敷患部，或用醋炒麸皮(麸皮 6 000 克，醋 4 500 克，充分混合，炒至烫手，装入麻袋内)热敷患部，并将牛置于温暖牛舍内，使之发汗。如配合针灸，效果更好。

局部可进行温热疗法，电疗法、红外线、中波透热疗法、中波速热水杨酸离子透入疗法、短波速热疗法、超短波电场疗法等对慢性风湿病均有较好的治疗效果。

(五)预防 要注意牛的饲养管理和环境卫生，防止风、寒、湿的侵袭。对溶血性链球菌感染引起的上呼吸道疾病，如急性咽炎、喉炎、扁桃体炎等应及时治疗，防止机体抵抗力降低。

二、病理性躺卧

病理性躺卧又称为母牛趴卧综合征，是指奶牛产前和产后不能起立的一组疾病，也被称为爬卧牛综合征或卧倒牛综合征。

(一)病因 引起病理性躺卧的原因很多，肌肉、神经、骨、关节等的疾病或代谢紊乱都可能是本病的原发病和继发病。表现为后躯麻痹或半麻痹，病牛不能站起。

(二)症状 持续躺卧是本病的本质。病牛心律正常或增加，频频试图站立，但后肢不能完全伸直，只能以部分屈曲的两后肢沿地面爬行，力图站立起来。有的病牛两后肢移位而呈现出犬坐或蛙坐姿势。严重病牛呈侧卧姿势，头向后仰，食欲废绝。

(三)诊断 对本病的诊断很重要，因为只有确诊后才能有针对性地采取有效治疗措施。

在诊断上，病史调查很重要，因为发病时间能提供主要线索。应调查本病是发生在产前、产后还是分娩过程中，产犊过程有无助产、助产的情况如何、有无牵拉，胎儿的姿势如何，母牛分娩时的姿势如何，最初出现卧倒时的情况如何，有无卧下时不稳、有无突然倒下、有无两腿叉开、有无被其他牛爬跨或爬跨其他牛，病牛有无其他先期病，牛群中有无低钙血症麻痹现象，产犊前 6～8 周饲料和矿物质供应情况，牛舍有无变化等。

诊断应注意病牛总的健康状态，意识有无障碍，其他系统有无明显的征候，特别应注意循环系统、中枢神经系统、产道和乳房，必要时应进行系统检查。运动器官、骨盆腔、阴道、直肠通常需要进行系统检查。

（四）防治 不能确诊时，应采取诊断性治疗，如怀疑血钾低时补钾，血钙低时补钙，肝昏迷时补糖和保肝药。如确诊时，应针对引起不能起立的原发病采取治疗措施。

无论确诊与否，都应注意本病的护理，否则会造成许多并发症和继发症如脱位、骨折、褥疮、缺血性肌肉坏死等，使病的征候更复杂化，给治疗带来更多的困难。

虽然多种治疗包括镁盐、磷酸盐、皮质类固醇、兴奋剂、维生素 E 和硒，都普遍被人用过，但都不是很成功。

吊牛的方法也常常无效，除非病牛尚能部分地站立。

曾推荐应用含钾、钙、镁和磷的溶液进行治疗，这些电解质是否适用，要找到科学的证据才能说明。

对达不到正常饮水量的病牛，通过灌服或注射钠的方法给予补液。

最重要的是给病牛铺上垫草，尽量使牛感到舒适，且每天须转身换边数次，以减轻缺血性坏死和麻痹的程度。

要施行肌肉按摩，以便恢复患肢肌肉的正常活动力。局部用温热疗法，配合内服止痛剂，如为无菌性炎症，也可用消炎激素，有时能收到意想不到的效果。

在细心护理和给予良好垫草的情况下，很多病牛会在几天试图站起，并能在 1～2 天后站立正常。

第三章　奶牛的蹄病

第一节　牛蹄的解剖生理和蹄病的发生

一、牛蹄的解剖生理

牛蹄是由指(趾)部的骨、关节、肌腱、血管、神经和由皮肤衍生而成的蹄壳共同组成的。

每个蹄均有4个蹄爪(其中2个主蹄,2个悬蹄),着地的主蹄内侧为第三指(趾),外侧为第四指(趾),悬蹄(小蹄)相当于第二、第五指(趾),前者在内侧,后者在外侧,均位于后上方。

蹄的构造复杂,在蹄的内部具有骨(蹄骨、舟骨和部分冠骨)、关节(蹄关节)、腱(指伸肌和指屈肌的腱)、指(趾)动脉、指(趾)静脉、神经[指掌(跖)侧神经]等,蹄的外部是由皮肤角质化而形成的蹄壳(表皮)和内蹄(真皮及皮下层)。

每一主蹄的蹄壳可分为蹄壁、蹄底、蹄球三部分(图3-1)。蹄壁的上缘叫蹄冠,覆着一圈比较柔软的角质叫蹄缘,它是皮肤和坚硬蹄壳之间的移行部分,可减轻蹄壳对皮肤的压迫作用。蹄壁的内面有许多纵行的小叶片叫蹄叶,蹄底后方形成蹄球,角质也较柔软,并且与蹄壁上缘柔软的角质相连续。牛的蹄底是平的,不像马那样有蹄叉,蹄底无血管与神经,其营养来自肉蹄。

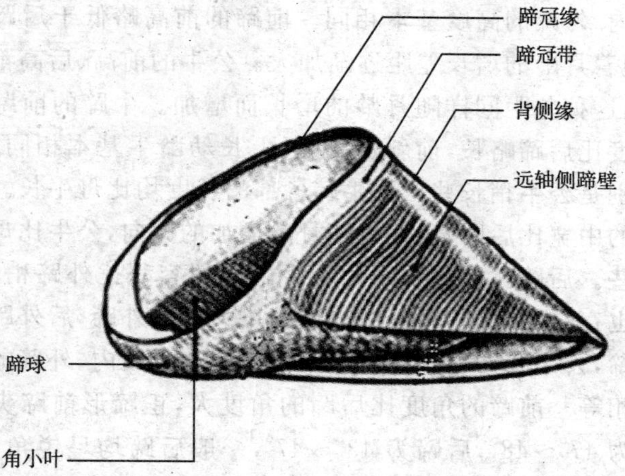

图 3-1　牛蹄蹄壳结构

肉蹄是在蹄壳内由真皮形成，也分为肉壁、肉底和肉球（它与蹄壁、蹄底和蹄球相当）。肉壁的表面也形成许多纵行的小叶片，它们与蹄壁的小叶互相嵌合，使蹄壳与肉蹄紧密连接不易脱落，在肉球里则有发达的皮下层，富有弹性组织和脂肪，形成一个弹簧垫，垫于屈腱下，常叫“指枕”，与马的跖枕起同样作用，在着地时有缓冲作用，防止地面来的冲击。

接连第三和第四指（趾）的有指（趾）间皮肤及十字形交叉的指（趾）间韧带，可防止踏地时蹄间裂的过度开张。

蹄角质部为皮肤角化演变而成，构成蹄匣保护蹄内组织以抵抗外力，支持牛的体重，并为重要的运动器官。蹄匣呈三面棱形，分为轴面（轴侧壁或趾间面）、远轴面（远轴侧壁）和底面。蹄尖壁厚度为 5～10 毫米，蹄踵壁厚度为 1～2 毫米，蹄底的厚度平均为 5～10 毫米。牛的蹄角质比马坚硬。牛蹄前后肢内、外蹄的高度基本相同。前蹄的前高略低于后蹄的前高，随着月龄的增长差距逐渐加大。公牛的前高、后高都比母牛高，这种差距同样随月龄的增长而增加。牛蹄的前蹄下面的长度比后蹄略长，前斜长稍短，上长幼龄牛基本相同，成年牛特别是公牛稍长些。公牛蹄各部的长度均比母牛长。牛蹄前蹄的中宽比后蹄宽，并有随月龄增加的倾向，公牛比母牛更显著些。后蹄比前蹄狭窄。小牛内蹄的容积比外蹄稍大，成年牛也存在一定的差别，即前内蹄略大于前外蹄，后外蹄大于后内蹄，公牛蹄的容积比母牛大。前肢和后肢内、外蹄的角度几乎相等。前蹄的角度比后蹄的角度大，正蹄形前蹄尖壁的角度为 47°～48°，后蹄为 43°～47°，一般后蹄均呈锐角，略小于 47°，趾轴后方破折。前蹄蹄尖壁与蹄踵壁的比例约为 2∶1.5，后蹄为 2∶1。后蹄的蹄尖比前蹄狭窄，负面的外周多数较小。公牛前后蹄的角度都比母牛大，即后蹄呈卧蹄状态。

牛蹄内、外两蹄的负面拼起来，从外形来看类似马蹄。全蹄底的形状，前蹄略呈圆形，后蹄为卵圆形。

蹄壳的生长即是蹄部真皮层不断地生长形成新角质，旧角质不断向下推移的过程，这种新旧角质的代谢促进蹄的发育，并保持其健康。

初生犊牛蹄的蹄尖与蹄踵基本同高。蹄底的绒毛块在出生后 3～7 天脱落，脱落后蹄壁下面呈柔软的蹄底。牛蹄的生长比较旺盛。随着运动增加和牛体发育，蹄角质开始磨灭，前蹄主要磨灭蹄尖，后蹄磨灭蹄踵。牛在出生后约 3 个月时，蹄轮可达蹄壁的下 1/3 处。满 12 月龄蹄的容积、蹄的负面随之逐渐扩大。至 5 岁时，方具备成形的蹄型。

在正常饲养管理条件下，运动正常，蹄的生长可保持良好状态。蹄的生长速度每月平均约6毫米，但可因品种、年龄、性别、饲料、健康状况、季节、气候、土壤、干湿度、温度、舍饲与放牧以及放牧场的大小、草质、地形等而有所不同。蹄角质从蹄冠长到负面一度，叫做蹄角质的更新，即蹄的更新，其所需时间称更新期。牛蹄各部的更新期各不相同，蹄尖壁为15～16个月，蹄侧壁为10～12个月，蹄踵壁为6～8个月，蹄底为3～5个月。

一般蹄壁负重大的部位，蹄角质的发育速度也快，该部位的蹄壁呈峻立状态。蹄角质是由上向下生长，牛在运动时要磨灭负面的角质。另外，由于肢势、运步、地形、修蹄失宜等情况的不同，导致蹄壁部的负重也不同，所以蹄壁负重偏大的部位，其角质生长的速度要比其他部位快，成为蹄变形、蹄病变、软肿和骨瘤等的致病原因。

随着蹄角质的生长，蹄壁上出现类似树的年轮一样横走的细沟与连续起伏的隆起，称为蹄轮。牛在健康状况良好、干湿度适宜、修蹄适时以及蹄真皮血液循环良好时增生的蹄轮，称为营养蹄轮。当牛的营养失调，疾病和管理骤变时，生长出一部分间隔不规整的蹄轮，称不正蹄轮。

蹄角质有吸水与排水的特性，其中尤以软角质表现更为明显。如果蹄角质吸水与排水失调，则使角质硬化或软化，成为发生蹄变形或蹄病变的致病原因。当外界环境过于干燥时，要防止蹄内水分的散发，切勿使蹄干燥。反之，也要防止吸水过多，要经常注意保持蹄的适当强度。

二、蹄病发生的原因与发病机制

（一）蹄病发生的原因 一些管理因素，如环境、营养和遗传选择在肢蹄病的发生方面都起着很重要的作用。

1. 营养因素 在当前集约化饲养条件下，饲料结构不合理是造成奶牛蹄病的一个关键因素。大量的实验研究表明：瘤胃酸中毒是造成奶牛发生肢蹄病的一个非常重要的原因。由于精饲料喂量过高，精、粗饲料比例失调，不遵守饲养制度，以及高能、低粗纤维的日粮改变了瘤胃中微生物的数量，乳酸菌大量增加，使得瘤胃内 pH 值下降导致瘤胃酸中毒，再加上由于 pH 值下降使得革兰氏阴性菌大量死亡并产生大量的内毒素，引起真皮组织内毛细血管的扩张和收缩，进一步引起肿胀和痛苦状。血液循环中的任何改变均可导致不可逆转的损害，这些损害再加上角质化，导致蹄组织软化和畸形，蹄组织软化可进一步引起白线病发病率上升、局限性蹄皮炎和蹄踵的腐烂。另外，蹄底磨损加快，导致对创伤的易感性增加。饲喂高能饲料的奶牛修蹄次数应该增加，粗饲料应该有一定的长度以促使唾液的分泌和瘤胃缓冲液的产生。对泌乳早期的奶牛，精、粗饲料比例（干物质比较）应为1∶1。北美洲的研究表明，日粮中精饲料含量较高易使奶牛患蹄病，而且饲喂精饲料含量较高的奶牛蹄病持续时间比饲喂粗纤维含量较高日粮的奶牛要长 1 倍。饲料中补充一些缓冲液以及饲喂精饲料之前先饲喂干草，可降低瘤胃酸中毒的发病率。最理想的是进行饲料分析，饲喂平衡日粮，减少潮湿饲料的饲喂量（因其酸度较高），目标是日粮中干物质含量在 45%～55%。奶牛日粮中矿物质（如钙、磷、锌、铜、硒等）和维生素（维生素 A、维生素 D、维生素 E 等）供应不平衡、不足或吸收率低，会明显地影响蹄的角质化程度、趾间皮肤和蹄冠部位皮肤的抗病能力，导致蹄病的发生。此外，发霉变质的饲料中存在真菌毒素，也常引起奶牛的变态反应，并引发蹄病。

2. 环境因素 潮湿的环境易引起奶牛蹄软化，高温高湿、牛粪和尿液不能及时清除而积于牛床上，对牛蹄的持续刺激和有害微生物的不断繁殖，引起蹄底组织炎症甚至腐蹄，软化的蹄易损伤且细菌容易进入。南方地区如广西、广东、四川等省、自治区的一些牧场，员工一直认为清洁牛身、牛舍卫生最好的办法是用水冲洗，结果是极大地增加了地面和环境的湿度，牛蹄部长期泡于水中，蹄质变软，抵抗力降低，加大了蹄病的发生率。相反，非常干燥的环境（如拴系式牛舍中前肢所处的环境）会导致脆骨症和蹄裂。奶牛每天应有一定的时间在排水良好的泥土地面运动场内走动，这对牛蹄很有好处。

用混凝土铺设地面是牛场建设者的通常做法，但问题的关键是如何解决庞大的躯体负重与地面硬度导致对奶牛肢蹄损伤的矛盾。太光滑的地面易引起奶牛打滑、损伤牛蹄，因此水泥地上应当有纹路（小沟）。用直接裸露的水泥地面作为牛床无疑会加大奶牛肢蹄病的发生率，太光滑的地面又使奶牛容易摔倒，太粗糙的地面虽可防滑但可直接导致奶牛蹄部的损伤。牛床上垫上橡胶垫虽可减少牛的肢蹄损伤，但清洁时工作量太大，若清洁不彻底、不及时还可引起微生物的大量繁殖。另外，运动场地面过硬、有小石子，集中挤奶时奶牛走道过长、不平整可引起奶牛前后肢关节摩擦、破损、关节肿胀。水泥地面比泥地面更易引起奶牛肢蹄的擦伤，水泥地尤其是新浇灌的水泥地对奶牛肢蹄磨损更大，刚修过蹄的奶牛在最初的 2 周内不应在水泥地面上走动。

3. 牛床舒适程度和类型 牛床设计应方便奶牛的起卧，牛床的长度和运动区域的大小必须恰当。从奶牛在牛床上躺下和反刍的时间可以看出牛床设计的合理性。如果奶牛躺在走廊上或一半在牛床上、一半在牛床外，则说明牛床的设计有问题。在散放式牛舍中，85%以上的奶牛吃料后应躺在牛床上反刍。在水泥地面上放置足够的垫草可增加奶牛的休息时间。一般来说，如牛床是水泥地面，则奶牛休息时间就少，大约只有7个小时；如牛床上有足够的垫草，则奶牛休息时间就长，可达到14小时以上。干净和干燥的牛床可减少细菌繁殖和蹄病的发生率。

4. 年龄和泌乳阶段 随着年龄的增长，蹄病的发生率也增加，但是如果从周岁开始就定期进行修蹄可减少以后肢蹄病的发生率。与大多数其他疾病一样，泌乳最初3个月肢蹄病发生率较高。经研究证实，蹄炎和局限性蹄皮炎还与奶牛营养有密切关系。

5. 遗传 一些牛蹄性状具有一定的遗传力，如蹄踵过高、趾骨畸形、并蹄畸形和螺旋形趾是具有遗传性的。青年母牛的大多数蹄病不具有遗传性。饲喂和环境因素对肢蹄病具有很大的影响。遗传和选育在短期内并不能解决肢蹄病的问题。当然，选择肢蹄性状在平均水平以上的公牛作为种公牛是一个良好的育种工作者应优先考虑的。

6. 忽视肢蹄保健 蹄形受多种因素的影响，可出现异常角质的生成。不定期或不及时修整蹄部，可促使异常角质的生长。长时间不修蹄使牛蹄变形，与蹄病的发生率极为密切。

7. 其他 乳腺炎、子宫内膜炎以及传染病、寄生虫病，也会诱发蹄病。

(二)蹄病的发病机制 蹄病为奶牛蹄的病理变化过程，包括蹄病和蹄变形2种。奶牛90%以上的跛行是由蹄病或指(趾)病造成的。

大多数蹄跛行发生于后蹄，外侧趾最常发病。前蹄发病时多为内侧趾。这很可能是前、后蹄正常的负重有所不同造成的，即前肢内侧趾负重较多，而后肢外侧趾负重较多。

蹄部的病灶或负重异常可造成疼痛与不适，引起跛行，并使关节、腱和韧带等受到刺激，同时使蹄上部的组织和器官易于受到伤害。由于病牛不愿活动，长时间躺卧，与同群牛只接触减少，可引起经济损失——因发情鉴定困难导致繁殖失败；采食量下降，尤其是奶牛需要走到食槽去采食时，以及持续的疼痛使产奶量下降；严重的跛行常引起体重和生产能力下降。

蹄变形是指蹄的形状发生改变，不同于正常牛蹄的形状。蹄病指蹄已发生了病理变化，临床表现出红、肿、热、痛和功能障碍。两者是有区别的，但又相互联系。这是因为，蹄变形是蹄病的基础，即由于蹄变形导致负重不均，促使炎症（无菌性）的发生，临床表现出蹄病；当蹄病发生后，炎症蔓延到系关节、冠关节时，由于关节肿胀、增生，又可促使蹄的形状发生改变。

严重蹄变形的奶牛，四肢姿势也发生改变，常由于运步困难，食欲减退，使产奶量下降。而奶牛一旦发生蹄病，由于疼痛产生，跛行出现，蹄关节化脓，久治不愈，后卧地不起，常被淘汰。

影响奶牛蹄健康的主要疾病是蹄变形、趾间赘生、关节炎和腐蹄病等。其中以蹄变形发生最多。

第二节　奶牛常见蹄病

一、蹄冠蜂窝织炎

蹄冠蜂窝织炎是发生在蹄冠皮下、真皮和蹄缘真皮以及与蹄匣上方相邻被毛皮肤的真皮化脓性或化脓坏疽性炎症，通称为蹄冠蜂窝织炎。

(一)病因 运动场内的异物、碎石块、铁钉、碎玻璃等造成蹄冠部直接受到外伤和挫伤，微生物从受伤的皮肤侵入而感染，特别是牛舍和运动场卫生情况不好，粪尿泥水浸泡，使蹄冠部皮肤浸渍软化，微生物容易乘虚而入。

本病也常继发于蹄的其他化脓性疾病，由于蹄外有坚硬的蹄壳，蹄内有化脓性过程时，只能从蹄冠部开口排脓，经常以蹄冠部蜂窝织炎的形式出现，所以蹄冠蜂窝织炎时，必须首先注意检查蹄底和指(趾)间有无化脓性过程，如白线病、创伤性蹄皮炎、局限性蹄皮炎、指(趾)间蜂窝织炎以及蹄深部化脓性疾病等。

(二)症状 蜂窝织炎发生的初期常伴有全身性征候，体温升高，食欲减退，精神沉郁，泌乳量下降，呼吸和脉搏增数。血液检查可见白细胞总数增加，嗜中性白细胞比例增大。

蹄冠部呈隆起而突出于角质，指(趾)间隙也可看到肿胀。蹄冠部被毛逆立，有的部位见脱毛、红肿，甚至发紫，皮肤紧张发亮，蹄冠处及附近增温，压迫蹄冠处病牛表现明显疼痛。蹄冠部的炎性肿胀，以后可局限成几个大小不等的脓肿，其他部位的肿胀可消散。成熟的脓肿可自行破溃。脓肿破溃后流出不同颜色和稠度的脓汁，全身症状可明显好转，跛行也可减轻。原发性蹄冠蜂窝织炎也可向深部蔓延，引起蹄内各组织的化脓性过程。15～20 天后，X 射线检查，可在指(趾)骨看到骨膜增殖。蹄冠蜂窝织炎脓肿破溃后，如治疗不合理，可形成久不愈合的溃疡。

(三)诊断 根据局部和全身症状不难诊断，但应注意鉴别是原发性疾病还是继发性疾病。

(四)防治 将病牛放在垫有垫草的牛舍静养。全身应用抗生素，以控制感染，同时应用各种支持疗法，如输液、补碱等，以维持体况。

如为原发性蹄冠蜂窝织炎，应彻底清洁蹄部，剪除被毛，用5%碘酊广泛消毒。初期用10%樟脑酒精液或鱼石脂酒精包扎，结合全身疗法，炎症有可能消散。如已形成局限性脓肿，或肿胀太严重压迫组织时，应及时切开，切口应斜向，勿破坏生角质层，切开后保证渗出物充分排出。为了使渗出物不断排出，可用吸湿绷带包扎。

如为继发性蜂窝织炎，应针对原发病进行合理的治疗。

二、指(趾)间皮炎

指(趾)间皮炎是指(趾)间皮肤全层特别是真皮层的急性或慢性炎症。多因牛床不洁，牛蹄受到粪尿和泥水长期浸泡、刺激，或机械性损伤而引起。奶牛多发，一般为单发，后肢比较多发，且病变比较明显。

(一)病因 结节状拟杆菌为本病病原微生物已被承认，因为在澳大利亚、英国、瑞典和美国、波兰等国都已分离出此细菌。牛舍和运动场内潮湿、泥泞、粪尿积聚、卫生情况差、粪尿污物等粘在蹄上没有及时清除，很容易引起本病。

(二)症状 病初指(趾)间病变不易发现，可看到牛的患肢划动，这是患蹄不舒服的表现。通常在靠近蹄球的指(趾)间皮肤发现充血、潮红、丘疹或水泡，患部轻微肿胀，触诊敏感，有恶臭污秽的分泌物。运步也不自然，有轻度跛行。有的病例在发现时，病已发展到因球角质相邻皮肤肿胀而使角质与皮肤分离，分离的角质和真皮之间很快进入泥土、粪便和垫草，这时可有明显跛行。局部可出现组织增殖，增殖可向指

(趾)间隙掌(跖)侧发展，有的在角质下形成潜道。本病可并发角质下潜道，引起化脓性蹄皮炎和蹄糜烂。

当化脓菌感染时，可发生皮肤表层或深层的化脓性炎症，皮肤出现糜烂或溃疡。被坏死杆菌感染时，可引起皮肤坏死或蹄角质下形成空洞，此时病牛跛行明显。

当指(趾)间皮炎取慢性经过时，炎性渗出物较少，但出现明显的皮肤上皮、乳头层和皮下结缔组织增生，形成趾间纤维瘤，其表面凹凸不平，状如菜花样。

(三)防　治

第一，应该注意牛舍和运动场的卫生工作，清洁牛体。

第二，发生本病时，牛场应进行一次大消毒。

第三，应仔细清洗病牛蹄部，扩开角质，消除潜道，局部应用收敛剂和防腐剂包扎，保持蹄的干燥和清洁。

第四，对单纯性趾间皮炎治疗时，病变部应彻底清洗消毒，然后撒布收敛剂和防腐剂，如碘仿磺胺(1∶5)粉、碘仿硼酸(1∶5)粉、碘仿鞣酸粉等，或涂布5%龙胆紫溶液、氧化锌软膏、水杨酸氧化锌软膏等，最后装蹄绷带，每隔2～3天换药1次。当形成纤维瘤时，初期用高锰酸钾粉、硫酸铜粉或硝酸银棒腐蚀。较大的纤维瘤，可手术摘除，再涂白及糊剂，外装松馏油绷带，每隔4～6天换药1次。

第五，蹄浴是有效的疗法，可用5%硫酸铜溶液或2%甲醛溶液蹄浴1小时。2%甲醛溶液蹄浴也可作为指(趾)间皮炎的预防措施。

三、指(趾)间皮肤增殖

指(趾)间皮肤增殖又称指(趾)间增生、指(趾)间赘生。为指(趾)间皮肤(表皮和真皮)组织的慢性增殖性疾病。最多发生于舍饲和放牧于潮湿或沼泽牧地的牛，各品种的牛均可发生，荷斯坦牛和海福特牛多发，中国荷斯坦牛发生也很普遍。本病多发生在2～4胎的奶牛，7胎后发病较少。一般多见于牛的后蹄趾间，但也能发生于前蹄，甚至四蹄趾间全部发生。公牛常发生本病，造成持久的严重跛行，影响配种。本病发生没有季节性。

在不发生继发感染的情况下，增殖组织不发生破溃，无肉芽组织外露，称为指（趾）间皮肤增殖。

如发生继发感染，指（趾）间皮肤增殖物表皮破坏，下层组织裸露，称之为指（趾）间肉芽肿。

（一）病因 引起指（趾）间皮肤增殖的确切原因尚不清楚。本病是否是由遗传引起的，目前有很大争议。蹄变形尤其是开蹄与本病发生有一定关系，由于蹄的两指（趾）向外过度开张，可引起指（趾）间皮肤过度紧张和剧伸，促使本病发生。圈舍潮湿、运动场泥泞、粪便不及时清除，粪尿污泥等不洁物经常刺激指（趾）间皮肤，都是引起本病的因素。日粮中营养不足，特别是微量元素锌、镁、钼的缺乏或比例失调，与本病发生有关。此外，常可从病蹄分离出坏死杆菌，在病蹄即将痊愈前可分离出真菌。

（二）症状 本病常取慢性过程。跛行的程度与病变大小、病变位置、感染的程度和对指（趾）的压迫等有关。较小时不引起跛行，往往不引起人们注意，趾（指）间隙背侧穹窿部皮肤红肿、脱毛，有时可看见破溃面，可在指（趾）间形成舌状突起。随病程的进一步发展，增生物不断增大、变厚，其表面会由于挤压、摩擦而破溃，引起感染时可见表面有渗出物，并有恶臭气味，或被干痂覆盖，同时会出现不同程度的跛行。进一步增殖、破溃，可在指（趾）间形成草莓状突起，继而能完全填满趾间隙，当其压迫蹄部使两指（趾）分开时，疼痛和跛行会进一步加重。由于疼痛剧烈，病牛行走或站立时会非常小心，泌乳量会显著下降。指（趾）间皮肤增殖时间较久后，增殖的乳头后期可角化，还会导致蹄变形。

（三）诊断 本病与腐蹄病有3个不同点：一是仅局部有病变，不如腐蹄病的肿胀范围大；二是并不像腐蹄病那样形成深部组织的窦道；三是趾间皮炎的并发症是趾间纤维瘤。这两种病变常同时发生，腐蹄病不会并发纤维瘤。

（四）预后 本病经及时治疗，一般预后良好。个别的牛手术切除后还可能复发。

（五）防　治

1. 预防 加强饲养管理，注意牛舍的清洁，减少粪尿刺激蹄部，保持蹄部干燥，故要使牛床和运动场清洁、干燥；坚持用硫酸铜溶液浴蹄，减少感染机会；定期修蹄，防止蹄变形的发生。饲料中添加锌对本病有一定预防作用。

2. 用消毒液清洗 敷药后包扎，可暂时缓解疼痛和炎症，但不能根治。

3. 局部用药腐蚀法 病变部应彻底清洗，取出刺入的竹片、木刺等异物，彻底消毒，并修除有窦道的蹄冠缘与角质，然后用收敛剂和防腐剂治疗。对病部保持干燥，因此48小时后要换药，常用的药物包括40％甲醛溶液、硫酸铜溶液、偶氮染剂、5％碘酊、3％龙胆紫等。通常必须反复修整与局部用药，因为愈合需要几周时间。保持牛舍的干燥对治疗和病牛健康的恢复有很大帮助。

也可用0.1％高锰酸钾溶液或2％来苏儿溶液彻底清洗指（趾）间皮肤，增生部可撒布硫酸铜粉、高锰酸钾粉、硫黄粉等进行腐蚀治疗，再包扎蹄部，48～72小时更换药物1次，直到增生物消除为止。

4. 小的增殖物也可用激光汽化、烧烙烙除、冷冻等方法

手术治疗是根治本病的一种有效方法。病牛横卧保定或柱栏内站立保定，全身应用静松灵镇静，配合传导麻醉或局部浸润麻醉。为了预防出血，可装止血带。局部常规消毒后，用绳套或徒手将两指(趾)分开，充分暴露指(趾)间增殖物，用组织钳夹住增生物，在靠近增殖物基部的健康皮肤上做梭形切口，切开皮肤和结缔组织直至脂肪显露为止，切去增生物后，向创内放入抗生素，创缘用丝线做2～3针结节缝合，两个蹄用薄层棉花覆盖，外涂以松馏油，用弹性绷带包扎。最后在两蹄尖处钻孔，用金属丝将两指(趾)固定在一起，外套防水蹄套。

四、指(趾)间蜂窝织炎

指(趾)间蜂窝织炎为指(趾)间皮肤及皮肤更深层软组织的急性或亚急性炎症，皮肤常常裂开、坏死和化脓。炎症常常从指(趾)间皮肤蔓延至蹄冠、系关节，呈现出不同程度的跛行，并有全身性征候。坏死杆菌是本病常见的致病微生物，所以本病又名指(趾)间坏死杆菌病。为奶牛常发病。

本病全年都有发生，但夏秋季潮湿多雨，有助于本病的发生，所以7月份、8月份、9月份发病最多，呈现明显的季节性；四蹄都有发生，而以后蹄多见；发病以成年牛为多，40%以上的牛发生在产后前50天，育成牛和犊牛少见。

(一)病因 许多人认为坏死杆菌是本病的病原菌，通过指(趾)间隙侵入，但也有人认为从血源也可引起感染。除此而外，尚能从病灶分离出葡萄球菌、链球菌、化脓性棒状杆菌、绿脓杆菌、变形杆菌、结节状拟杆菌和产黑色素拟杆菌等。也有人认为坏死杆菌和产黑色素拟杆菌共同作用引起本病。指(趾)间皮炎、球部和蹄冠部皮炎、疣性皮炎、指(趾)间皮肤增殖和黏膜病都可并发坏死杆菌感染。

牛舍阴暗潮湿;夏秋多雨,运动场泥泞,污水积存;牛场卫生条件不良,粪便不及时清除,圈舍不清洁,不消毒;运动场不平坦,致使蹄部长期被污泥、粪尿浸渍,使指(趾)间皮肤软化,为病原菌侵入打开了门户;石子、炉渣、玻璃片、瓦片和尖锐异物如铁丝等,刺伤指(趾)间隙,皆可促使本病的发生。本病具有传染性,可在雨季或放牧季节在某些牛场流行。

(二)症状 急性病例可见指(趾)间背侧和蹄冠部软组织红肿,疼痛明显,肿胀可延至系部,尤其是掌侧或跖侧。系关节屈曲,频频提举患肢,或以蹄尖轻轻打地,跛行明显,体温升高至40℃～41℃,疼痛剧烈,站立时减负体重。前蹄患病时,患肢伸向前方,运步时可见明显的后方短步。可出现明显全身性征候,饮欲、食欲减退,产奶量下降。病牛喜卧而不愿意站立。

蹄部检查,指(趾)间部和蹄冠部皮肤有裂口,有难闻恶臭气味。裂口表面有伪膜覆盖;随病程延长,指(趾)间皮肤可完全剥离,坏死向深部组织发展,出现各种并发症,引起化脓性蹄关节炎、冠关节炎、系关节炎、舟状骨滑膜炎等,甚至可引起蹄壳脱落。此时,病牛症状更加严重,卧地不起、消瘦或发生褥疮。

(三)诊断 典型的外部症状与临床检查相结合即可确诊。清蹄后可见指(趾)间皮肤的裂隙、溃疡和坏死。清理病变时可闻到坏死杆菌感染的特征性坏死气味。触诊指(趾)间感染区和蹄冠带部,病牛有疼痛反应。

（四）治疗 局部用0.1%高锰酸钾溶液、2%来苏儿溶液等防腐药彻底清洗，除去坏死组织，伤口内撒布抗生素、磺胺粉或防腐药，打蹄绷带包扎。绷带要环绕两指(趾)包扎，不要装在指(趾)间，以免妨碍引流。对重症病例必须全身治疗和局部治疗相结合。对于症状较轻者可不包扎，每日用4%硫酸铜溶液或其他消毒防腐液冲洗2～4次。保证圈舍干燥卫生。

可用磺胺嘧啶50～70毫克/千克体重，静脉或肌内注射，每日2次，连用3天；土霉素20毫克/千克体重，静脉注射，每日2次，连用3～5天；5%葡萄糖氯化钠注射液1 000～1 500毫升，5%碳酸氢钠注射液500毫升，25%葡萄糖注射液500毫升，维生素C 5克，1次静脉注射，每日2次；口服硫酸锌，每日4～5毫克/千克体重，连续口服1周，有一定疗效。

（五）预防 加强防疫消毒，环境干燥卫生，保证蹄部健康。运动场保持平坦，及时清扫粪便和各种异物；污水及时排除；夏季每日用清水将蹄部冲洗干净，每隔4～5天，用4%硫酸铜溶液喷洒蹄浴1次。

对病牛进行隔离饲养，以免污染外界环境。对病牛的坏死组织、脓汁及其垫草要集中处理，防止病原菌的扩散。

五、蹄　裂

蹄裂是蹄壁角质部发生裂缝。根据裂开的位置，可分为蹄尖壁裂、蹄侧壁裂、蹄踵壁裂、蹄冠裂等；根据裂开的深度，可分为浅层裂和深层裂；根据裂开的长度，可分为蹄冠裂、负缘裂、全裂；根据裂开的方向，可分为纵裂和横裂。后蹄较前蹄多发，特别是外侧趾的背轴侧发病较多。干燥季节比潮湿季节多发。

(一)病因 肢势不正、蹄形不正、蹄角质脆弱、蹄角质过度干燥、不及时修蹄、蹄小而体重过大、营养有缺陷、蹄角质弹性降低、外伤等都是发生蹄裂的因素。

由于各种原因使蹄对体重的承受力不均衡，负重大的角质部分易发生裂开，如牛配种或发情牛互相爬跨，对蹄的某部分压力和震荡增强，容易引起角质裂开。蹄冠处受到损伤，成角质组织破裂，新长出的角质易有裂痕。

(二)症状 浅层裂时在蹄壁表面出现各种方向细小的裂缝，并不妨碍蹄的生理功能，一般没有跛行；深层裂时，在蹄负重与伸扬时，由于裂缘的开闭运动，致使该部的真皮发生损伤，引起疼痛，并且容易发生感染，局部还可能看到出血，临床上有明显的功能障碍；角质裂开后，不能重新长到一起。蹄裂如发生感染时，局部温度可能增高，从裂口流出带有血液的脓汁。发生水平全裂时，可能发生脱蹄，即蹄壳完全从断裂处脱下。

有的牛在热性病后，蹄角质从蹄冠处分离，蹄冠处可看到出血，以后从蹄冠处长出新的角质，插入到老角质层下，老角质并逐渐向下退，最后新蹄壳完全替代旧蹄壳。

(三)诊断 蹄裂的症状明显，只要仔细检查即可发现，不能以跛行的有无作为诊断本病的依据。表层裂，在蹄壁表面出现各种方向细小的裂缝，不妨碍蹄的生理功能，没有跛行；深层裂，出现不同程度的跛行。

(四)防　治

1.除去病因 预防裂口进一步发展，注意护蹄，使牛蹄保持一定的水分与温度，尤其是在干旱季节，更应保护蹄的弹性。蹄形不整者首先要矫正蹄形，过长的蹄壳要及时修剪，裂缝可涂凡士林或乌金膏，并用烙铁微烙，隔日 1 次。

2. 用黏合剂黏合蹄裂　常用黏合剂为环氧树脂类或丙烯酸类，均是两组分。先修整好蹄形，然后用蹄刀修整蹄裂的边缘，再用蹄锉将裂缝周围蹄壁锉出适当的粗糙面。将两组分黏合剂搅拌混匀，先用拌好胶的脱脂棉填塞裂缝，再把胶薄薄地涂于锉好的部位，再迅速粘上一层小块的纱布（粘紧），再涂上一层胶，再粘一层稍大块的纱布，如此共粘 3～4 层，但一定要注意几层布块的上缘要和蹄冠缘同高，并要求舍内温度保持在 15℃以上。

六、蹄损伤

蹄损伤的最简单形式为挫伤，它可继发于蹄壁的创伤或因奶牛踏于石子或其他异物上。蹄壁的贯透创可引起急性跛行或不被注意而最终发生蹄底化脓。暴露出真皮的蹄裂可导致急性跛行和出血。蹄壁损伤引起的跛行比较严重，通常可引起兽医注意。

（一）病因　如果牛只接近尖锐物体、草场或泥土中的尖硬石块、金属异物、垃圾中的金属，都可引起牛的蹄壁损伤。铁钉、岩石片和工具上崩裂的金属片常引起蹄的透创。长蹄失修、蹄壁负面过度磨灭和蹄壁过干引起的损伤可引起蹄裂。当蹄陷于狭窄的缝隙中，如两条管道之间、粪沟篦子或隔板之下时，可发生急性蹄裂。偶可引起蹄壳脱落。

（二）症状　挫伤引起轻度至中度跛行，应通过修蹄与其他原因引起的跛行进行鉴别。病蹄可能对检蹄器敏感，挫伤部可出现明显的蹄底出血。刺创可引起急性跛行或由于蹄底化脓而表现迟发性跛行。在急性刺创，致病异物可存在于蹄壁中，但检查之前，急性跛行常为惟一症状。

(三)诊断 蹄壁损伤的诊断需要通过切削和使用检蹄器来辨别敏感部位。当排除其他原因引起的急性跛行，并对检蹄器敏感时，可以诊断为挫伤。如果怀疑为挫伤的跛行极重，应做 X 射线摄片以排除蹄骨骨折。检查疼痛的病蹄时角质(常为蹄底)有新鲜裂纹、刺伤部及周围的角质出血明显时，即可诊断为裂蹄或蹄壁裂隙。应切削刺伤角质的边缘以寻找铁丝、尖锐石子和玻璃碎片等异物。这也可提供引流，防止脓肿形成。亚急性或慢性刺伤可导致蹄底脓肿，需切削刺伤部密封的边缘，提供引流。

导致出血和急性跛行的蹄裂，一般通过视诊即可做出诊断。

(四)防治 急性挫伤只需要消除致病因素，给予阿司匹林等镇痛药。刺创要清理、切削，除去异物，使用保护性绷带以免污染。根据刺创的大小和深度，应考虑给予抗生素和预防破伤风。亚急性或慢性刺创的治疗，局部清理、引流，消除感染因素。

蹄裂时异常疼痛。治疗应采取正确的患部修整，去除过长的角质，以免进一步裂开。修整裂缘或造沟，打保护绷带。对严重病例，需在健指(趾)下固定木块或打筒形石膏帮助负重，以待患指(趾)痊愈。蹄裂严重时这种筒形石膏夹很有帮助，尤其是愈合较缓慢时其作用更加明显。这种处理使得患指(趾)根本不负重。给予镇痛药也有帮助。

防止牛接近多石子的草场、垃圾场和其他易引起蹄壁损伤的环境是惟一的预防方法。

七、蹄变形

蹄变形是由于各种不良因素的作用，致使蹄角质异常生长，蹄外形发生改变而不同于正常奶牛的蹄形，又称变形蹄。蹄角质发育异常、组成角质的成分改变、肢势不良、全身性营养障碍、肢蹄病、遗传等都可造成蹄壳变形，形成蹄变形。蹄变形常是导致蹄病的因素，可引起蹄裂、局限性蹄皮炎、蹄关节和下籽骨（舟状骨）的化脓坏死以及指（趾）深屈肌腱的坏死等许多蹄病。蹄变形本身就可引起跛行，甚至引起肢势的异常，若不及时治疗或矫正，往往会影响奶牛的生产性能。高产奶牛蹄变形的发病率较高，且严重。随着奶牛胎次的增加，蹄变形明显增加，从第五胎开始，每增加 1 个胎次，其变形率增加 20%左右。5 胎以上奶牛蹄变形率高达 76%。后蹄多于前蹄。前蹄以宽蹄、长蹄为多；后蹄以翻卷蹄较多。奶牛蹄病在肢蹄病中占有很大比例，蹄变形又占蹄病的 1/5～1/4。但是，蹄变形在病初往往被忽视。

（一）病因　引起蹄变形的因素很多，但主要原因是饲养管理不当，如为了追求产奶量而日粮中精饲料喂量过高，粗饲料不足或缺乏；矿物质代谢障碍，尤其是钙、磷比例失调等。另外，在长期高钙饲养条件下，不仅能使指（趾）角质部分异常生长，而且常会发生骨骼和关节疾病，包括关节过度钙化而引起关节僵硬和骨关节炎、外生骨瘤等，加重了蹄变形的发展。

不定期进行修蹄，某些过度生长指（趾）缺乏机械性磨灭，比如长期拴养在软地面或垫厚稻草的牛舍内；在降水量少的草地上放牧，使蹄角质变得很硬，不易磨灭而过度生长。

一般认为蹄变形具有遗传倾向，特别是后肢外侧趾呈翻卷状的蹄形。

蹄变形也可能是其他疾病的继发症，如化脓性关节炎、乳房炎、子宫内膜炎等。在化脓性关节炎已痊愈的病例，关节周围有新骨形成，使角质发生异常生长。

(二)症状 临床上蹄变形的形状各异，其分类各不相同，一般分为过长蹄和变形蹄两大类。前者包括4种，后者包括13种。过长蹄与变形蹄严格说来是不同的，前者是由于蹄角质生长过程中磨灭过少，或没有定期修蹄而形成；后者是由于蹄角质发育异常、角质不良、异常肢势、全身性营养障碍、肢蹄病等引起。过长蹄一般容易矫正，变形蹄一般难以矫正。现将其特点分述如下。

1. 过长蹄 分为延蹄、长嘴蹄、长刀蹄和拖鞋蹄。

(1)*延蹄* 蹄角质显著延长，轻度变形，是单纯延伸状的过长蹄，蹄角度低，指(趾)轴后方波折，前、后肢肢势良好，不卷、不翻。

(2)*长嘴蹄* 蹄尖伸长向上翻，也称为嘴状蹄。蹄尖向上弯，重度时蹄尖交叉。如蹄尖向轴侧弯曲较大，呈显著交叉时，也称剪状蹄或交叉蹄。蹄壁薄而坚硬，多数有凸弯。一般发生于前、后肢的狭踏肢势，后肢呈前踏肢势。如蹄尖向后方上翻很严重时称为角笛蹄。

(3)*长刀蹄* 蹄纵径长，蹄前壁凹弯，尖端上翻，由于蹄底有大量枯角质蓄积，使蹄底异常膨隆，外形呈长刀状。蹄角度变小，蹄轴后方波折明显，蹄踵负重大，过度磨灭。前、后肢都可发生，常呈前踏肢势。根据蹄形也称为撬蹄、马刀蹄。

(4)*拖鞋蹄* 是前面宽的过长蹄。蹄前壁向远轴侧壁倾斜显著，缓缓地不正形扩张，为横径大的过长蹄。蹄底浅而广，呈广蹄和平蹄形状，蹄角度小，指轴后方波折显著。前、后肢都可发生，常呈前踏肢势。蹄低而广时，也可称为开蹄。该蹄形常诱发白线裂和白线腐烂，也叫扁平蹄。

2. 变形蹄 可分为以下13种。

(1)*低蹄* 蹄前壁角度小于45°，指轴后方波折明显。蹄尖和蹄踵的蹄壁比例为3～4∶1。

(2)高蹄　蹄前壁角度大于55°～60°，指轴前方波折。蹄尖与蹄踵的蹄壁高度之比为5∶4。

(3)山羊蹄　伴有起系的小型蹄，蹄尖壁与蹄踵壁同高。山地牛多发生这种变形蹄。蹄骨、关节和腱先天性异常或继发后天性异常。

(4)竹马蹄(高跷蹄、桶状蹄)　蹄踵壁比蹄尖壁高，发生原因同山羊蹄。蹄骨、关节和腱有先天性或后天性异常。

(5)平蹄　蹄尖壁向反轴侧壁先天性倾斜，负缘非常大，蹄底平无穹窿度，与负面同高。

(6)丰蹄　由平蹄发展而来。蹄壁广而宽，蹄底膨隆突出于负面。蹄壁上有明显平行的蹄轮，蹄冠下的蹄壁有凹陷带。平蹄和丰蹄的蹄质一般较脆弱，易发生白线裂。

(7)狭窄蹄　可分为蹄冠狭窄、蹄底狭窄和蹄踵狭窄。蹄角质发育不良、全身性营养障碍、地面干燥易引起狭窄蹄的发生。

(8)弯蹄　内、外指(趾)发育失去平衡，发育好的一侧蹄壁凸隆，对侧指(趾)发育不好则呈凹弯，与肢势不良有直接关系。重度广踏、外向肢势易发生。外蹄负重少，磨灭也少。蹄大，反轴侧蹄壁凹弯。蹄可见发育不良，蹄轮细，蹄角度多低，外侧指轴内方破折。主要发生于修蹄失当的幼龄牛。

(9)倾蹄　也称为卷边蹄。内侧指(趾)或外侧指(趾)一侧较小，蹄底狭窄，反轴侧蹄壁从外侧向蹄底延伸，代替蹄底着地负重，蹄尖向轴侧捻转，轴侧壁向上并凹弯，负重轻的蹄尖上翻。广踏和O状肢势及前蹄的内侧多发。严重时称为螺旋蹄。

(10)猪蹄　蹄发育和蹄质不良，无光泽，蹄轮细，长系。蹄纵径长，狭窄，蹄底狭而深，多发腐烂。蹄角度小，蹄踵负重大，指(趾)间开张。先天性卧系前踏，后肢发生多，蹄踵负重。

(11)蟹蹄　蹄纵径短，高蹄，指（趾）间隙相对弯曲，中央部离开，蹄尖接近。一般蹄角质坚硬，蹄壁有光泽，呈后踏肢势，前肢多发。

(12)大小不同蹄　内侧指（趾）和外侧指（趾）大小相差悬殊，一大一小，发生于先天性蹄发育不良。

(13)芜蹄　多为慢性蹄叶炎后遗症形成。角质过度生长的部位，蹄轮间距宽。蹄尖壁凹陷向上弯，弯曲部蹄轮密集，蹄尖负面不接地，以蹄踵负重。蹄骨变位，蹄骨尖向下，严重时可使蹄底穿孔。

(三)诊断　临床按指（趾）的异常结构进行诊断。

(四)防治　对于已发生蹄变形的牛，只进行药物治疗是无法使其恢复正常的。变形蹄的治疗最为实用的方法是修蹄疗法，主要是纠正引起变形蹄的原因和用修蹄和护蹄做相应的修整矫正。轻者经1～2次可以完全矫正，对严重病例则只能减轻症状和部分恢复。变形蹄问题与肢势和负重关系密切，应从犊牛起就注意合理修蹄和矫正，在形成不可逆性变化前将其矫正过来。

预防是杜绝本病的关键，一般可从以下几方面着手。

1. 加强饲养管理　制订合理的日粮结构，特别对高产奶牛，应根据泌乳量和全身状况，随时加以调整。日粮中充分保障蛋白质、矿物质、维生素的供给量。钙、磷比以1.4∶1为合适，可适当补给维生素A、维生素D和鱼肝油。严防为追求高产奶量而片面追加精饲料。要保证粗饲料尤其是干草的供给量，每头牛每日要采食干草3～3.5千克。增加瘤胃缓冲能力，维持正常的瘤胃pH值。必要时，日粮中可加入2%碳酸氢钠（按干物质计），与精饲料混合饲喂。一旦发现蹄形开始变化，可注射维生素D_3，日粮中补加钙粉等，以防其恶化。

2. 加强管理，定期修蹄 改善环境条件，减少牛蹄被粪便、尿液、污物浸渍的机会和时间；保持蹄部干净、干燥。每年夏季和秋季多雨季节，应疏通排水渠道，保持牛舍干燥清洁；蹄应保持清洁，冬季可干刷，夏季宜用水冲刷；运动场要及时清扫，除去杂物，低洼处用细沙填平，尽量增加运动时间，以利肢蹄健壮。为保持蹄形正常，每年应对全群牛蹄进行普查，建立定期的修蹄制度。一般每年4次。为防止蹄部感染，修蹄不宜于雨季进行，宜在春、秋季进行。对病指(趾)要及时修整。

3. 药浴牛蹄 保持牛蹄卫生，坚持每天清刷牛蹄，冬季用毛刷干刷，除去泥土、粪渍；夏季湿刷，每天用清水冲洗1次。坚持蹄浴，常用4%硫酸铜溶液喷洒蹄部，每隔4～5天喷洒1次，长期坚持。

4. 加强选育，调整配种方案，剔除有害基因对奶牛肢蹄的影响 应加强个体选择，发生蹄变形的母牛女儿均不能列为核心群，有遗传因子的牛不能作为种用。在每年制订选配方案时，要选择肢蹄健壮、蹄形正常的公牛，避免公牛蹄形对后代的影响。

八、腐蹄病

腐蹄病是指奶牛因指(趾)间皮肤外伤感染化脓菌引起的、以蹄角质腐败、趾间皮肤和组织化脓性腐败为特征的一种局部化脓性坏死性炎症，是奶牛饲养过程中常见的疾病之一。患腐蹄病的奶牛会出现蹄变形、跛行、运动困难、食欲减退、泌乳量下降等症状，严重的将被迫淘汰。

患腐蹄病的奶牛即使治愈也会缩短其利用年限，因此患腐蹄病奶牛的淘汰率占总淘汰率的19%，腐蹄病给奶牛业带来的损失是巨大的。

(一)病因 许多学者认为，牛的腐蹄病是由坏死杆菌从指间隙侵入引起，但也可从病蹄分离到化脓棒状杆菌以及链球菌、结节状梭菌、产黑色素梭菌等其他细菌，但这些病菌是继发性侵害者，不能侵害健康的皮肤或蹄真皮，只有在组织出现损伤使病菌有机可乘时，才可能发生本病，所以认为原发病可能有多种因素。

饲养管理差，牛的体质较弱，蹄的角质疏松，蹄部经常浸泡于粪尿之中，都可引起坏死杆菌和化脓棒状杆菌感染。潮湿、含空气少的泥土是厌氧菌发育的理想环境，即使在严冬也常引起发病；碎石块、作物茬尖造成蹄尖损伤，蹄冠周围有污物固着，形成缺氧的环境，均为发生本病的诱因；蹄间质或指(趾)间皮肤和蹄球的损伤、蹄间溃疡、皮炎、蹄角质过长等，均能助长本病的恶化，促进化脓棒状杆菌和其他化脓菌的再次感染；长期舍饲，缺乏运动，缺乏钙、磷等矿物质，蹄底磨损过度，都可使牛对感染的抵抗力降低而诱发本病；卧蹄等遗传因素易导致本病；疥螨、痒螨等寄生虫感染也可造成指(趾)间皮肤损伤感染细菌引起本病；其他原发病可继发本病，如指(趾)间皮炎、疣状皮炎、黏膜病等。

本病的发生与地理环境和气候条件有一定的相关性，尤其是湿度相对较大的地区，本病比较常见。但通过采取改善管理条件，优化饲料结构等综合措施，完全有可能克服引起此病的客观因素，保持健康的奶牛群体。

饲料营养不平衡，饲料结构不合理。精饲料喂量过多，瘤胃内乳酸蓄积，当瘤胃 pH 降到 5 以下时，瘤胃的微生物结构失衡，由原来的革兰氏阴性菌占优势变为革兰氏阳性菌占优势，瘤胃内毒素含量增多，内毒素通过血液循环到达全身各个组织，使奶牛免疫力下降，在蹄部表现为真皮对细菌的抵抗力下降、细菌感染导致了腐蹄病的发生。

长期拴养，奶牛缺少运动，抵抗力差。不及时修蹄，护蹄不力。

（二）症状 可分为急性与慢性两种症状。

1. 急性症状 少数被坏死杆菌感染时呈急性病状。最初病变发生于蹄间裂的后面，趾间皮肤潮红、肿胀、敏感，以后逐渐向前扩展至蹄冠的连接部，向后扩延至蹄球，以致整个蹄间隙腐烂，系部直立或下沉，蹄冠呈红色或微蓝色，温热、肿胀，并异常敏感。蹄的掌面红肿最为明显，在蹄球的后上方有痛点。当病变涉及皮下时，即在短时间内发生蜂窝织炎，此时蹄冠和系部肿胀，伴有剧痛，严重病例甚至可影响至跗关节。蹄壁角质比较完整，叩诊蹄壁时可出现疼痛，检查蹄底或蹄间可发现溃疡面，其上覆有恶臭坏死物，严重者烂成大小不等的空洞，并有污灰色或黑褐色的坏死组织，有的则从孔洞中流出奇臭的腐败性液体。病牛不愿站立，频频提举病肢，出现一肢或数肢的突然跛行。若为数肢一起发病，则牛站立时频频地换肢负重。病变侵害腱鞘和关节囊时，可引起化脓性腱鞘炎和关节炎，此时蹄温增高，指（趾）动脉亢进，并引起全身性反应，体温升高至40℃～41℃，食欲不振，体重减轻，呼吸加快，泌乳量显著下降，很快便卧地不起；公牛生育力减退，母牛妊娠后期和分娩前后病情往往加重。严重者以至蹄壳脱落，最后可引起蹄畸形和继发脓毒败血症。

2. 慢性症状 多数病例取慢性经过，病程长，可达数月甚至几年。随着蹄较深部组织的感染而形成深的化脓灶或窦道。蹄关节、第二和第三指（趾）骨、腱、趾间韧带等均可能被波及，一般的病例跛行程度会逐渐减轻，但始终不能恢复至正常运步。长期消瘦、衰弱、产奶量下降，直至丧失生产能力。趾间、蹄球与蹄冠缘处存在窦道，并深延到蹄内，病肢粗大，皮肤紧张，由于结缔组织增生，常有不同程度的变硬，病区被毛易脱落。坏死组织与健康组织界限明显。严重病例可侵及腱、趾间韧带、冠关节或蹄关节。当化脓波及蹄关节后，可形成腐败性关节炎，在蹄冠、蹄球等部位形成瘘管，使蹄部变形，牛出现高度跛行，稍一触碰即十分疼痛，从而使全身症状加重，体温再度上升，有恶臭的脓性分泌物，更甚者，则可引起深部组织的坏死或出现败血症而导致牛的死亡。

慢性腐蹄病还包括冠骨因骨膜炎或外生骨赘而直径变粗，可触摸出来。

（三）诊断 腐蹄病根据临床表现做出正确诊断并不困难，病蹄肿胀变化常影响蹄部和蹄冠部，最容易看出肿胀的部位是在蹄的掌面，正好在蹄球的上方，所以在提举病肢或在病蹄的后方观察时易于发现。本病应与蹄底刺伤、指（趾）间损伤、指（趾）间增生性皮炎、蹄叶炎、指（趾）间纤维瘤等相鉴别。特别是指（趾）间皮炎，因其治疗与腐蹄病不同，必须区别。指（趾）间皮炎几乎没有肿胀，但跛行与坏死臭气明显。

（四）预后 当病变仅侵害皮肤及皮下组织时预后较好，但是当病变波及腱与韧带时，则恢复比较缓慢；若关节被感染则更难治疗，多数认为只有及早将患病关节切除，才能获得痊愈。

（五）防　治

1. 加强饲养管理 给予正确、合理的日粮配方，补充饲料中的矿物质和其他微量元素；加强运动；注意牛舍和运动场的清洁、卫生，清除运动场的石块等异物，减少蹄部外伤；搞好排水系统，使其干燥；发病牛舍或牧地要撒生石灰或喷洒 10%

硫酸铜溶液；每周用5%～10%硫酸铜溶液定期喷洒蹄部1次；定期检查牛蹄，及时修蹄，矫正蹄形，每年修蹄4次。

夏季饲料中添加抗热应激物质。保持日粮中营养的全价性和矿物质的充分与平衡；精、粗饲料比例适宜，精饲料干物质占日粮干物质的比例最好不超过50%。增加钙、磷、镁、钾等矿物质饲料的饲喂量，钙、磷按100千克体重给予6克和4.5克的维持需要，每产1千克标准奶给予4.5克钙和3克磷的产奶需要，钾可占日粮干物质的1.3%～1.5%，钠可占0.5%，镁可占0.3%。

牛舍运动场应宽广，不积水。一栋牛舍宜设一个红砖地运动场和一个泥地运动场。泥地运动场土质必须坚实。保证奶牛每天3小时以上的运动量。

2. 加强护蹄和修蹄 加强牛蹄卫生管理，保持牛蹄干燥和清洁。夏、秋季每周用5%硫酸铜溶液浴蹄1次，冬、春季每隔2周蹄浴1次。每年春、秋两季分别对全场成年母牛进行修蹄1次。日常发现蹄变形的病牛也应及时修整。

3. 加强选种选育 每年定期对全场奶牛的肢蹄情况进行检查统计，淘汰肢蹄有严重缺陷的公、母牛。

4. 及时治疗 因腐蹄病轻重程度不一，应及早治疗，待出现全身败血症状时再治疗往往效果差，急性期治疗的疗效比慢性期要好些。

轻度腐蹄病仅限于皮肤时，可局部消毒，如用3%～5%高锰酸钾溶液、10%酒石酸锑钾羊毛脂软膏、5%硫酸铜溶液等。蹄部肿胀，跛行明显时，应用1%高锰酸钾溶液（一般用70℃～80℃热水溶化高锰酸钾，晾至50℃左右）进行温蹄浴疗法。

牛患急性腐蹄病时，首先用清水或2%来苏儿溶液洗净蹄部污物，仔细检查病蹄底部有无小孔，必要时应做蹄底的修削，以扩大蹄底的孔口，使孔内的渗出液全部排出，同时将孔内的腐臭组织彻底挖出，一直扩至与健康组织交界处，深至肉小叶时往往出血，凡是流出污紫血液或发黑组织者均应继续挖下去。用3%过氧化氢溶液、1%高锰酸钾溶液或1%木焦油醇消毒液冲洗，然后用10%碘酊消毒，在创内填撒碘仿磺胺粉（1∶5）、硼酸高锰酸钾粉（1∶1）、硫酸铜水杨酸粉（1∶1），或土霉素粉、四环素粉、抗生素软膏、血竭桐油膏等，外用浸有松馏油或1.2%甲醛酒精溶液的纱布、棉花压紧患部，包扎蹄绷带。最后用棕片包住整个蹄，在系部用细绳捆紧。换药时间要根据化脓情况与气温，一般间隔2～3天换药1次。夏季气温高且化脓严重者最好每日换药1次。有新生肉芽生长则应加以保护，换药要轻，以免碰破新生血管造成出血。在几次更换蹄绷带后，如果发现孔内已愈合，即无需再打蹄绷带，只清洗蹄和创伤部后，涂上松馏油或浓碘酊（5%～10%）就可以了。如果遇有过度肉芽生长，则应用硫酸铜粉末进行腐蚀。也可使用激光治疗，用6瓦二氧化碳激光聚焦光束对已扩创、消毒的腐烂区进行点状紧排照射，直至创面全部出现焦痂状为止。

对急性期病牛，可使用磺胺类药物全身治疗，如可用磺胺二甲基嘧啶120毫克/千克体重，静脉注射；金霉素或四环素，接10毫克/千克体重，也可收到相似效果；青霉素320万单位，链霉素4克，肌内注射，每日2次，连用数天；磺胺嘧啶5～6克或青霉素150万单位进行治疗，隔日1次，一般治疗3次即可痊愈。

对慢性期病牛，除进行上述治疗外，还可以用防腐液（1%～3%硫酸铜溶液或1%来苏儿溶液）进行蹄浴，同时采用局部热敷和其他消炎措施加以治疗。

对于病变延及深部组织，一侧蹄指(趾)严重坏死，侵害指(趾)关节化脓，治疗有困难时，可施行截指(趾)术，将一侧病指(趾)切除。

九、蹄糜烂

蹄底和球负面角质的糜烂称蹄糜烂。常因角质深层组织感染化脓，临床上出现跛行，为舍饲奶牛常见的蹄病之一。浅颜色的角质比有色素的蹄角质容易发病。后肢比前肢多发，内侧指和外侧趾比外侧指和内侧趾多发。老龄牛多发。患慢性蹄叶炎和蹄变形的牛容易继发本病。

(一)病因 牛舍阴暗潮湿，牛舍、运动场内污水积存，粪污物堆积，牛蹄长期于污泥、粪尿中浸渍，角质变软，容易引起本病。蹄形不正，蹄底负重不均，如延蹄、芜蹄，蹄叶炎，易诱发本病。有人认为指(趾)间皮炎和发生在球部的糜烂有直接关系，可能与结节状拟杆菌有关。因某种原因使蹄角质生成发生紊乱时，如牛患过热性病，可在蹄底与蹄球之间角质结合处出现糜烂。管理不当，未定期进行修蹄，无完善的护蹄措施时容易发生本病。

(二)症状 本病常呈慢性过程，通常不出现跛行。当局部感染化脓并向深部组织蔓延时，可出现跛行后而被注意。病牛站立时免负或减负体重，患蹄系关节以下屈曲，频频倒步，并见患蹄打地、踢腹。前蹄患病，见患肢向前伸出。患蹄驻立时间缩短，运步时呈明显的后方短步。检查蹄底或修蹄时，可见蹄变形，蹄底磨灭不正，在球部或蹄底发现小的深色小洞，有时许多小洞可融合到一起形成大洞或沟，表面很破碎，蹄底常形成潜道，管道内充满污灰色或污黑色浓稠脓汁，具腐臭、难闻气味；轴侧沟常常被侵害，因为轴侧沟处易存留粪便污泥，轴侧沟角质又薄，发生糜烂后炎症常常沿蹄冠、系关节向深部组织蔓延，引起继发性感染；蹄球部角质软，也易被侵害，引起球部角质腐败分解，真皮乳头增殖，关节肿胀，皮肤增厚，失去弹性，由于病变已到真皮，疼痛明显，步行呈“三脚跳”，有时还可继发屈腱剧伸；当化脓后，关节处破溃，流出奶酪样脓汁，病牛全身症状加重，体温升高，食欲减退，产奶量下降，卧地，消瘦。

（三）预后 单纯性蹄糜烂预后良好，如继发深部组织感染时，预后应慎重。

（四）诊断 蹄糜烂四蹄皆可发病，但以后蹄多见。本病往往在检查蹄底时才能发现，可见蹄底部有黑色小洞，角质糜烂、溶解，从管道内流出黑色脓汁。应与局限性蹄皮炎、白线病、蹄底刺伤、蹄底挫伤等进行鉴别诊断，特别应注意引起的深部组织感染性疾病。

（五）防治 单纯性蹄糜烂时，应将蹄清理干净，找出角质部糜烂的黑斑，由糜烂的角质部向内逐渐轻轻搔刮，直到见有黑色腐臭的脓汁流出为止。用10%硫酸铜溶液彻底洗净伤口，创内涂10%碘酊，填入松馏油棉球，或放入高锰酸钾粉、硫酸铜粉，打蹄绷带。定期修蹄，发现糜烂的角质，及时填补，可以防止深部组织感染。

如已经引起深部组织感染时，应根据具体情况采取合理的治疗措施。体温升高，食欲减退，或伴有关节炎症时，可用磺胺类药物或抗生素治疗。磺胺嘧啶钠56克或青霉素250万单位1次注射；10%磺胺噻唑钠150～200毫升，1次静脉注射，每日1次，连注7天；5%碳酸氢钠注射液500毫升，1次静注，连注3～5天；金霉素或四环素，按每千克体重0.01

克，静脉注射，也有效果。关节有炎症者，可先应用巴布剂，再用酒精鱼石脂绷带包裹。

加强管理，粪便及时处埋，运动场内的石块、异物及时清除，保持牛蹄卫生，减少蹄部外伤的发生。高发病率的牛群，应定期进行蹄浴，常用 4%硫酸铜溶液蹄浴，每隔 5～7 天进行 1～2 次蹄部喷洒；40%甲醛溶液蹄浴，每周 1 次，可减少指(趾)间病变、蹄糜烂和局限性蹄皮炎的发生率。对已经发病的牛，应进行隔离饲喂，加强护理。

十、蹄底刺伤

蹄底刺伤是奶牛的常发病之一，且易并发破伤风、蹄骨骨折等。

(一)病因 引起本病的因素是蹄底角质过度磨灭、蹄底角质软而薄、蹄底过平而缺少弧度、慢性蹄叶炎和蹄变形等。重型牛和妊娠牛，由于体重大，更易发生刺伤。引起刺伤的原因是尖锐物体，如钉、铁片、铜丝、玻璃片、木茬和作物茬等直接刺伤。

发生刺伤的同时，微生物和脏物可随致伤物体进入真皮或蹄深部组织，引起化脓坏死过程。

(二)症状 发生刺伤后，患肢突然发生支跛，站立时蹄负重时间短缩，抖蹄，躺卧时可看到患肢突然屈曲。当刺伤发生在内侧蹄时，患肢外侧蹄负重；相反，外侧蹄发生刺伤时，患肢以内侧蹄负重。蹄底检查，能发现刺入的异物和刺入孔，并有血液流出。如不能发现，可用检蹄器钳压，找出疼痛部位，然后清洗，用蹄刀削去角质表层，即可发现刺孔。病牛由于疼痛而食欲减退，泌乳量下降。若刺伤继发感染，刺孔内排出恶臭的脓汁和坏死组织，触诊蹄部温热，疼痛反应明显，运动时呈典型支跛。严重感染时，可继发化脓性指(趾)关节炎，并出现全身症状。

牛在蹄底部和蹄尖部发生刺伤较多，常可引起骨折和骨髓炎。

如刺伤蹄底和蹄球结合部，感染后脓汁首先向球部蔓延，致使球部角质从真皮剥离，特别在轴侧部更为明显。脓汁和渗出物可将蹄底角质和真皮分离，但经过治疗，化脓性过程被控制，以后又可从真皮长出新的角质，形成新的蹄底角质。由于旧的蹄底角质尚没有脱落，形成了双蹄底，在以后修蹄时，会遇到双底现象。

如刺伤蹄球部，在 24～72 小时内患侧球部可出现肿胀，蹄冠浅层的表皮开始坏死，由于渗出物沿真皮向角质下蔓延，出现明显的疼痛反应，可见患蹄抖动，运步时腿经常抬的很高，肢外展或向前伸出很远，避免用患指(趾)负重。

蹄底和蹄球结合部刺伤或蹄球部刺伤时，可能并发腱和腱鞘的损伤，舟状骨滑膜囊的损伤，甚至可损伤到蹄关节。也可继发球部关节后脓肿。

(三)诊断 要详细询问病史，并进行周密细致的检查，找到刺入孔才能确诊。必要时应做 X 射线检查，以确定有无异物和脓汁蓄积情况、深部组织损伤状态、有无并发症等。

要与蹄底挫伤、急性蹄叶炎、蹄骨骨折、指(趾)间蜂窝织炎、局限性蹄皮炎和球部关节后脓肿进行鉴别诊断。

(四)预后 没有涉及深部组织和并发症的蹄底刺伤，如能及时诊断和合理治疗，预后良好。深部组织受到损伤并引起并发症时，预后应慎重或可疑。如刺到蹄关节内时，预后不良。

(五)防治 应取出异物，防止感染。先将患蹄做机械性清洁，除去附着的粪土泥沙，再用消毒液洗净、擦干，以 5％碘酊消毒，取出异物，同时注意异物刺入的方向和深度。将刺入孔用蹄刀扩成倒漏斗状，新鲜刺伤时，注入5%碘酊或碘仿醚。如果只发现刺入孔而没有异物存在时，也应做上述处理。如果异物取出困难，则在创周切成漏斗状，以便取出异物，最后创面涂以碘酊，包扎蹄绷带保护。

若蹄底伤口已化脓，削去角质层，扩开刺入孔即可见脓性渗出物或脓汁从其中流出，这时应尽可能扩大创孔，使脓性渗出物或脓汁充分排出，清除一切可见的失去活力的组织，扩开角质下的潜道。蹄球部刺伤时，尽可能保护球部软角质，不要过分切削，因为切除这里的软角质后，生长很慢，易形成肉芽增殖。创内撒布四环素粉，填塞松馏油药棉，包扎蹄绷带，最后用棕片将整个蹄包扎，在系部用细麻绳捆紧，间隔2～3天再换药。

深部组织有坏死组织时，也应手术取出，特别是有死骨片时，必须取出，否则很难愈合。骨、腱、韧带、关节、滑膜囊等有并发症时，应采取有关手术和治疗措施。全身应用抗生素。注意预防破伤风。

感染控制后，可用填堵黏合材料封堵角质上的缺口。

十一、蹄底挫伤

蹄底挫伤是蹄底真皮受到磨损或由于砖、石、瓦块等钝性物体挤压蹄底，引起蹄底真皮的损伤，有时也可伤及更深部组织。牛蹄壳角质薄、肢势不正、修蹄失当是引起本病的原因，其病理变化为乳头层毛细血管破裂，血液淤滞于乳头层与生发层之间，呈点状血斑，并发生炎症，初期为浆液性，若发生感染则转为化脓性炎症。多发于蹄底蹄球结合部或蹄底部。

（一）病因 引起本病的因素是蹄变形，蹄底过度磨灭，蹄角质软、脆、不平整，弹性减弱等，而运动场上有砖头、瓦块、石子等钝性物体，牛踩踏这些物体时，也容易造成蹄底挫伤。

（二）症状 轻度挫伤可能不出现跛行，经常不被注意，只是在修蹄时，蹄底角质内可看到血斑，呈现黄色、红色或褐色斑块，此斑块在一次或几次修蹄后可消除，这是在受挫伤时血管破裂留下的痕迹。

如果挫伤较重时，可出现典型支跛，病牛蹄底不敢着地，不断提举患肢，不愿站立，经常卧地，特别在不平的道路上运步时，或踏上突出物时，跛行可明显加重。蹄底温热，变软变薄，有时蹄底有暗蓝色血斑，甚至出血，蹄底角质破碎或有网状小裂隙。发生化脓感染时，蹄温增高，指（趾）动脉亢进，疼痛剧烈，跛行加重，常出现全身性征候。若不及时切开排脓，脓汁可沿蹄底或蹄壁蔓延，常造成部分蹄底、蹄壁角质与真皮脱离，形成不同形式的潜道，有时脓汁从蹄冠缘和蹄球等部位破溃处排出，甚至发生蹄冠蜂窝织炎和脓肿。如脓汁从蹄底或蹄冠处破溃外流后，跛行可立刻减轻，全身性征候消失。

（三）诊断 蹄底挫伤的诊断并不困难，但需清蹄后进行仔细检查。压诊时可感到局部有软感，病牛有疼痛表现。必要时，可削薄角质，以确定受挫伤部位和程度。怀疑深部组织有损伤时，可进行 X 射线检查。

（四）防治 保持运动场地面平整干净，除去石块等杂物，改善牛床条件，修蹄时防止过削，增加含有钙、磷、维生素 D 等有益于蹄壳角质生长的饲料。

轻度蹄底挫伤除去病因后，使奶牛静养，初期应用 2%来苏儿液浴行冷蹄浴，1～2 天后改用温蹄浴，在指（趾）部注射 1%盐酸普鲁卡因青霉素注射液 3～5 毫升。发生化脓性蹄底真皮炎时，应在局部清洁消毒后，用蹄刀将受挫伤处扩开呈倒漏斗形，这时脓汁或脓性渗出物即可从伤口流出，充分排出蹄内渗出物或脓汁后，用防腐消毒液冲洗，灌注碘酊、碘仿醚或填塞松馏油纱布条，最后包扎蹄绷带。

如化脓性过程已蔓延至蹄冠引起蹄冠蜂窝织炎时，或蔓延至深部组织引起深部组织的化脓坏死过程时，应采取相应的治疗措施。全身应用抗生素治疗，注意预防破伤风。

十二、蹄底过度磨损

本病是蹄底角质结构不良，蹄壳角质层比较薄，在受到机械磨损时出现的一种现象。以舍饲为主的奶牛，由于体型大，蹄形和肢势不正，修蹄失当，长期站立在粗糙不平的水泥地上，往往可以造成某一侧性蹄底磨损。蹄角质欠佳、不耐磨常是造成蹄底过度磨损的主要原因。

(一)症状 轻度蹄角质磨损，一般不见跛行，仅在高低不平的硬地运步时跛行才明显。严重的磨损，蹄真皮层磨损，病牛表现疼痛不安、跛行。触诊蹄底温热，变软而薄，蹄底染有血样渗出物，可见暗蓝色血斑，重则可见蹄底出血和角质层破碎的网状小裂隙的穿孔。此时，病牛不愿站立，或卧地不起，若感染化脓，可造成蹄壳脱落，同时出现全身症状。

(二)防治 本病尚无治疗良法。除去病因，一般局部用温热消毒液清洗蹄壳，蹄壳破损处可用止血粉、磺胺粉、碘仿、硫酸铜水杨酸粉合剂撒布，并包扎蹄绷带保护。若因感染继发化脓，则按蹄底刺伤化脓处理。

有人给病牛试穿蹄靴而加以保护，也有试用涂上塑胶加厚蹄底，但效果不显著，只有加以提防，不要等到蹄底已被过度磨损才寻找治疗方法。

十三、蹄角质过度生长

主要是蹄壳的生长与磨损不平衡，或患蹄病后蹄底负重不均匀，所以蹄角质越生长越变长，多数是属于一种蹄侧壁过长、长至蹄底的畸形。

(一)病因 诱因是狭蹄或膝外翻，主要是体型大、发育良好的牛易患本病。另外，牛的肌肉萎缩可以引起蹄壁生长过度，过多的脂肪也将促进病的发展。当蹄壁过度生长是因为畸形的原因，则常包括两后肢，联系对侧肢的慢性跛行，或者包括当内侧蹄的疼痛，被由外侧蹄负重而解除，则病肢仍能放平。

(二)症状 跛行明显，多半是两前肢或两后肢同时发生，只要仔细观察蹄部运动时常可见到滚动样步伐，仔细观察侧方悬蹄常比内侧小，侧悬蹄与地面接触形成一大于许多慢性病例的角度，指(趾)有一尖锐状外形，与内侧蹄交叉成剪刀样，倒卧后变得明显，不再用蹄底走路，蹄壁完全覆盖住掌面，蹄爪将成为螺旋样，或扭成一堆，似乎蹄尖与蹄底靠拢，其实两者之间还有一空隙，偶然也有真皮层的腐蚀，在这种情况下跛行更加严重。

(三)防治 根本措施是继续修蹄，将过长部分削去，尽量修成牛正常蹄的形态。在修病蹄的内侧壁时要注意尽量多留，对卷缩蹄更应将外侧蹄底多削以增大蹄底的接触面，使每单位面积上负担的重量减轻，并适当增加牛的运动量，加大蹄的磨损，常可恢复至正常。

奶牛最好每年修蹄4次，及早将过长的蹄壳修短，勿使其蹄踵着地，保持一定角度常可收到良效。有结构缺陷而易于引起角质过度生长的奶牛和患过蹄叶炎的奶牛，则需要多次修蹄。

十四、局限性蹄皮炎

本病又名蹄底溃疡,是牛蹄底部和球部结合处的一个局限性病变,通常靠近轴侧,局部呈慢性坏死和化脓,进一步发展后,角质出现缺损和消失,并有肉芽组织增殖。后肢多发,多侵害两后肢的外侧趾,公牛则常为前肢内侧指。多为两侧性。常侵害5~8岁的母牛,体重大的高产舍饲奶牛易发生。潮湿季节和冬季多发本病。

(一)病因 引起本病的确切原因尚不清楚,可能是由于趾动脉终支和外侧支或内侧支之间的吻合支血栓,引起局部缺血性坏死所致。常与下列一些因素有关。

牛舍和运动场过度潮湿,运动场内污水积存,粪污物堆积,牛蹄长期于污泥、粪尿中浸渍,造成蹄角质吸水过多而使角质软化;长期站立在水泥地面,或牛床狭小、地面粗糙等都容易诱发本病;忽略修蹄,或修蹄不合理,特别是易发病部位的角质,削得不够或过多,都易形成对该部位的压迫,引起本病。肢势和蹄形不良,如X状肢势、直腿、小蹄、卷蹄、大外侧趾、延蹄和芜蹄等均易发生本病;饲喂过多的精饲料,也是发生本病的素因。本病可能与遗传有一定关系。

(二)症状 由于蹄底有病变,病牛因疼痛而喜卧,不愿站立。站立时,患肢常呈现外展,用内侧趾负重。有些牛用趾尖负重,使蹄底和蹄球结合部架空。有的牛在站立时,可看到患肢抖动。蹄冠和系部有时可出现肿胀。运步时有轻度跛行,尤其在硬地上运步时,跛行加重。两侧肢同时患病时,因为两肢可交互休息和负重而不易被发觉,但仔细观察可见病牛频繁换蹄,运步笨拙,喜卧。

触诊患蹄温度增高，指(趾)动脉搏动增强。清洁蹄底后检查，早期病例可见蹄底、蹄球结合部的角质为红色，也可能脱色呈黄色。用检蹄钳压诊时角质发软，有疼痛反应。病情进一步发展时，蹄角质缺损，真皮外露或长出菜花样或莲蓬样肉芽组织。

角质出现缺损后，粪尿和污泥等异物容易进入角质下引起感染，球部和蹄冠部出现炎性肿胀，并在角质下形成不同方向的潜道和化脓性蹄皮炎，或并发深部组织的化脓性过程，也可在蹄冠部形成蜂窝织炎和脓肿。有时引起远端指(趾)节骨髓炎，致使指(趾)深屈肌腱抵止处发生断裂。病牛出现全身性反应，体温升高，食欲减退，产奶量下降，卧地，消瘦。

由于病变和感染的程度不同，可出现不同程度的跛行，跛行可持续很长时间，明显影响产奶量，体重也可下降，甚至可被淘汰。

(三)防治　发生感染后，只有应用全身抗生素疗法和局部外科疗法相结合，才能取得满意效果。

局部外科治疗时，为了避免手术时病牛因疼痛而影响手术操作，可用指(趾)神经传导麻醉。

将病蹄清洗干净后，即可暴露出有病变的组织，用防腐消毒液彻底冲洗，5%碘酊消毒，用蹄刀削除坏死的角质和真皮，切除过剩的肉芽组织。可用消毒的探针探查有无角质下的潜道，如果存在潜道时，应扩开潜道，彻底用消毒液清洗，除去坏死组织。如感染蔓延到深部组织时，应根据情况，采取相应的措施。手术过程中要防止出血过多，可事先装以止血带，以免手术中出血妨碍手术进行和血液进一步分离开真皮小叶形成新的潜道。局部使用磺胺粉、碘仿醚、松馏油或鱼石脂等，安装蹄绷带。如感染化脓时，全身应用抗生素进行治疗。

为了减少患蹄的负重，促进其早日痊愈，可将两蹄尖钻洞用金属丝固定起来，在健指（趾）下用丙烯酸类黏合剂粘一木块，让健指（趾）多负担些体重。

口服硫酸锌对本病的预防和治疗都有一定效果。

如有并发症或继发症，应采取相应治疗措施，必要时可采用断指（趾）术。

十五、蹄叶炎

蹄叶炎为蹄真皮的急性、亚急性、慢性弥漫性和无菌性炎症过程，通常可侵害几个指（趾），呈现局部和全身性征候。可能为原发性的，也可能继发于其他疾病，如严重的乳房炎、子宫炎和酮病。奶牛的蹄叶炎多发于后肢的内侧蹄，临床特征是疼痛、蹄变形和程度不同的跛行。急性蹄叶炎可能有短暂的特征性临床征候，但实际上常常易被忽略，特别是在产犊的时候，常与分娩的征候相混淆。慢性蹄叶炎虽有固定的征候，但也易与蹄变形和某些蹄病相混淆。本病主要见于奶牛和青年公牛，母牛发生蹄叶炎的季节与产犊季节有密切关系。通常为散发，但也有群发现象，青年牛和胎次低的母牛发病率高。随着我国奶牛生产性能的提高，本病发病率有逐年增加的趋势，对奶牛业造成了日趋严重的危害。有人把乳房炎、子宫内膜炎和蹄叶炎并称为“奶牛三炎”。

（一）病因 本病的原因尚未完全清楚。一般认为牛蹄叶炎发病是全身性代谢紊乱的局部表现，可能与变态反应有关，但尚无定论。蹄叶炎的发生与如下因素有较密切的关系，包括分娩前后至泌乳高峰时期进食过多的精饲料、粗饲料不足或缺乏、突然改变饲料；犊牛和青年母牛的蹄叶炎通常是为了促进生长，大量饲喂易发酵饲料（如含水量高的玉米）或产奶牛吃剩的混合料而造成的。不适当的运动、奶牛分娩时后肢水肿，使得蹄真皮的抵抗力降低，加之持续不合理的负重和蹄壁真皮长期受压迫而发病，如一侧肢跛行引起对侧肢用力过大、长时间站立一肢患病而他肢负重过大、牛床坡度过大、乳房过大、蹄变形等。风寒侵袭所引起的抵抗力降低常可促使本病的发生。也可继发于严重的瘤胃酸中毒、乳房炎、传染性胸膜肺炎、流行性感冒、肺炎、疝痛、子宫炎、霉败饲料中毒、胎衣不下、乳房水肿和酮病等疾病。此外，本病的发生可能也与遗传因素有关。蹄发育缺陷，躯体过大，过劳和蹄负担过重，消化紊乱，装、修蹄不当等，均能诱发本病。

本病在临床上大致分为 4 种类型。

1. 过食性蹄叶炎 过多的给予精饲料和肥育用配合饲料，饲料突变或偷吃精饲料等引起瘤胃酸中毒时，瘤胃内的异常发酵引起大量乳酸和组胺形成，作用于分布在蹄组织上的毛细血管，引起淤血和炎症，刺激局部神经而产生剧烈的疼痛。

2. 产褥性蹄叶炎 多发于牛分娩后 1 周内，由于胎衣不下、子宫内膜炎引起蛋白质异常分解，产生的以组胺为主的炎症产物被吸收，引起与上述相同的病变。

3. 负重性蹄叶炎 由于长途运输，在坚硬的路面和石头铺的凹凸不平的路上行走以及坚硬的牛床上长时间的起卧等，蹄底受到剧烈的机械性损伤而引起。

4. 过敏性蹄叶炎 由预防注射、全身性光线过敏症、化脓性疾病以及多发性关节炎引起。

(二)症状 蹄叶炎可同时侵害几个指(趾)，前肢内侧指和后肢外侧趾多发。患蹄叶炎时可出现全身性征候和局部征候。

急性病例，体温升高至40℃～41℃，呼吸每分钟达40次以上，心动亢进，脉率每分钟达100次以上，食欲减少，出汗，肌肉震颤，严重的病指(趾)做划桨状运动。四蹄发病时，四肢频频交替负重，为避免疼痛姿势改变，弓背站立，或前肢向前伸，后肢伸于腹下，或四肢缩于一起。两前肢发病时，见两前肢交叉负重；两后肢发病时，头低下，两前肢后踏，两后肢稍向前伸。病牛不愿走动，行走时步态强拘，腹部紧缩。常将身体靠在铁栏杆或墙壁上，不愿移动。强迫运动时，出现跛行，有时会横向步行，严重时呈跳跃状。喜在软地上行走，对硬地、不平地躲避，小心翼翼，或步态困难。在牛舍内，病牛常以后趾尖站在粪沟沿上，以减轻球部负重引起的疼痛。病牛喜卧，卧地后四肢伸直呈侧卧的犬睡状，起立困难，勉强负重可导致病牛用腕关节跪地采食或跪着无力，约有2/3的病例是后肢发病，尤其是外侧趾(第四趾)。早期病例，可看到患肢肌肉颤抖、出汗、蹄抖动等现象。

蹄冠部和蹄球上皮肤肿胀，蹄壁叩诊时疼痛。蹄底角质变软，脱色呈黄色蜡样，靠近壁的远轴侧沟可能有出血，但有时也发生在蹄尖后或蹄底、蹄球结合处。在两前肢悬蹄之间可摸到掌侧指动脉搏动增强，后肢触摸较困难，因趾部动脉分布较深，不容易感到搏动。肢的浅表静脉(如后肢的固有趾静脉、背总趾静脉和外侧隐静脉)异常扩张。严重时，由于系关节及其周围水肿，关节的滑膜膨胀而引起局部肿胀。在发病后1周或2周的病例，X射线检查即可看到蹄骨尖稍有移位。

病牛常因疼痛剧烈而出现肌肉颤抖、体温升高、心跳加快、呼吸促迫、结膜潮红、血沉加快、血象左移、单核细胞增多、淋巴细胞减少等现象。

慢性病例，全身症状轻微，患蹄出现过长蹄和蹄角度变小，蹄壁呈宽而扁的外形，患指(趾)前缘弯曲，趾尖翘起；蹄轮向后下方延伸且彼此分离；蹄踵高而蹄冠部倾斜度变小；角质蹄壁浑圆而蹄底角质凸出。蹄壁延长，系关节下沉。蹄壁角质面凹凸不平。重型病例弓背，全身僵直，步态强拘，消瘦。X射线检查蹄骨变位、下沉，蹄骨骨质疏松，骨端吸收消失，蹄骨尖指向蹄底，蹄骨背侧缘与地面形成较大角度，蹄骨在蹄底真皮上的压力加大，增加了蹄底穿孔的危险，可引起化脓性蹄叶炎。化脓过程可蔓延，直至蹄冠部破溃，有时常引起关节或深屈腱的感染，甚至蹄骨发生病变，严重时可引起接近上系骨处圆韧带的断裂。慢性蹄叶炎病例往往被误认为蹄变形。

(三)诊断 急性型应根据长期过量饲喂精饲料，触诊蹄部温度和指(趾)动脉搏动增强，蹄尖和蹄底前部对检蹄器压迫敏感，突发跛行，异常姿势，弓背，步态强拘以及全身僵硬等典型临床症状进行诊断，但必须与多发性关节炎、蹄骨骨折、骨软症、佝偻病、腱鞘炎、蹄糜烂、趾间皮炎、蹄底挫伤、乳热症、缺镁症和破伤风等进行鉴别诊断。必要时可做血液学检查，结果可见：白细胞总数升高，尤其是嗜中性白细胞比例增高、血沉加快；血清谷草转氨酶、血清乳酸脱氢酶、总胆红素升高，血清蛋白总量下降，球蛋白比例增高。

慢性型蹄叶炎常有蹄形改变，蹄轮不规则，蹄尖壁蹄轮较近，而在蹄踵壁则增宽。最后可形成芜蹄，蹄匣本身变得狭长，蹄踵壁几乎垂直，蹄尖壁近乎水平。当站立时，健侧蹄与患蹄持续不断地交替负重。从临床症状进行诊断较为困难，容易误认为蹄变形。慢性蹄叶炎往往表现有多肢的慢性或间歇性跛行病史，产奶量下降，病牛消瘦，躺卧时间过长(由于损伤、脓肿)，蹄变长，蹄角度比正常小，蹄轮明显，系关节均下沉。与急性蹄叶炎相比，蹄温升高、指(趾)动脉亢进并不常见，但两指(趾)对检蹄器压迫的敏感性可为诊断提供可靠的依据。通过X射线检查帮助较大，因为蹄骨的转位较为明显。由于出血、水肿和纤维化引起蹄角质与真皮的坏死性分离，常可见到蹄壁背侧部的空气密度增加。其他怀疑慢性蹄叶炎的依据是指(趾)静脉的持久性扩张、生角质物质的消失和蹄小叶存在广泛的纤维化。

对曾患过急性蹄叶炎而表现出严重运动障碍和消化紊乱的牛只可怀疑为本病，但必须与蹄底挫伤、糜烂和刺伤相鉴别。

(四)预后 急性病例经及时治疗，预后良好；慢性病例多见蹄变形，经修蹄能缓解病情，除影响产奶量外，病牛仍能存活多年。

(五)防治 奶牛蹄叶炎是紧急症，应及时给予治疗。在临床征候出现4小时之内，小叶的病理变化是细胞水平的，容易完全治愈。发病24小时后可引起永久性损害，36小时后治疗只能治标，所以治疗应越早越好。治疗以消除病因、解除疼痛、改善局部血液循环和防止蹄骨转位为主。在治疗时，应分清是原发性还是继发性。原发性多因饲喂精饲料过多所致，故应改变日粮结构，减少或停喂精饲料，增加优质干草喂量；如因乳房炎、子宫炎、酮病等引起，应注意治疗原发病；如由瘤胃酸中毒引起的，应用碳酸氢钠疗法。

1.初期 使患蹄浸于冷水，每日2次，每次1～2小时。后改为温蹄浴，使毛细血管扩张，促进渗出物吸收。

2.缓解疼痛 可用2%盐酸普鲁卡因注射液20～30毫升进行指(趾)神经封闭。早期可应用乙酰普吗嗪肌内注射，有降低血压和减轻疼痛作用。

3. 应用镇痛和抗炎药物治疗 可根据具体情况选择以下处方。

阿司匹林，成年奶牛 15～30 克，每日 2 次经口投服；盐酸苯海拉明 0.5～1 克，每日 2 次内服；保泰松，每 48 小时口投 44 毫克/千克体重；氟胺烟酸葡胺，0.55～1.10 毫克/千克体重，每日 2 次；2.5％醋酸氢化可的松注射液 10 毫升，生理盐水 1 000 毫升，静脉注射，每日 1 次，连用 5 天；促肾上腺皮质激素 200 单位，肌内注射，每日 2 次，每周注射 2 次；10％氯化钙注射液 300 毫升、0.1％维生素 C 注射液 40 毫升、5％葡萄糖氯化钠注射液 500～1 000 毫升，静脉注射，每日 1 次；10％水杨酸钠注射液 300 毫升，静脉注射；5％碳酸氢钠注射液 500～1 000 毫升，5％～10％葡萄糖注射溶液 500～1 000 毫升，静脉注射；10％水杨酸钠注射液 100 毫升，20％葡萄糖酸钙注射液 500 毫升，静脉注射，每日 1 次，连用数天。2％盐酸普鲁卡因注射液 20～40 毫升，0.1％肾上腺素 5 滴，青霉素 40 万～80 万单位，氢化可的松 50～250 毫克，混合注入蹄冠皮下，隔日 1 次，连用 3～4 次。

4. 放血疗法 放静脉血或蹄头血，一般于颈静脉放血 1 000～2 000 毫升。

5. 清理胃肠 如疑为瘤胃酸中毒或过食碳水化合物所致，可内服硫酸钠以清理胃肠，并且在饲喂精饲料前给予粗纤维。

6. 中药疗法 茵陈 25 克，当归 31 克，桔梗 25 克，川芎、杏仁(去皮)、白芍、白药子、黄药子各 16 克，柴胡、红花、紫菀、青皮、陈皮各 19 克，乳香、没药各 13 克，甘草 10 克。共研为末，开水调冲，候温灌服。前蹄病加桂枝，后蹄病加牛膝、木瓜。

当归、花粉、连翘、川军各 45 克，生地、丹皮、牛膝、麦门冬、没药、栀子各 30 克，赤芍 25 克，金银花 60 克，红花 18 克。水煎 2 次，取汁，一次灌服。此方用于急性蹄叶炎。

当归、生大黄、金银花、连翘各 30 克，桔梗、花粉、生地黄、没药各 25 克，川贝母、红花、血竭各 15 克，牛膝、苏子、白芷各 18 克，甘草 10 克。水煎，取汁，一次灌服。此方用于慢性蹄叶炎。

金银花、蒲公英、当归各 60 克，连翘、栀子、黄连（酒炒）、黄芩（酒炒）、黄柏（酒炒）、郁金、白芍、苦参、乌梅、牛膝各 30 克，白头翁、花粉各 45 克，生地黄、丹皮、乳香、没药各 25 克，红花 18 克。水煎，取汁，候温一次灌服。此方用于肠炎继发蹄叶炎。

7. 改善环境 病牛置于清洁、干燥软地上饲喂，以促使蹄内血液循环的恢复。

8. 畜主配合 应提醒畜主，在过食、疾病、妊娠后期，或产犊后再次给予高能日粮时，蹄叶炎还可复发。

9. 慢性病例 一般不治疗，主要是保护蹄底角质，修整蹄形，将蹄壁角质和蹄尖角质多削，维持其蹄形，防止蹄底穿孔。要定期修蹄，防止急性或亚急性炎症复发或出现各种并发症。病牛应放到软地上或给其垫以厚的垫草。也可给予止痛剂或进行蹄部封闭疗法。

（六）预防 蹄叶炎能够造成很大的经济损失，应从预防着手，消除引起蹄叶炎的一些因素。

干奶期控制精饲料饲喂量，防止母牛过肥。日粮中精饲料每日给 3～4 千克，青贮 15 千克，优质干草自由采食，不限量。

产犊后不要立即增加精饲料量，应逐渐增加，产奶高峰在第六周，而不是 3～4 周，在增加精饲料的同时，要保证粗纤维的供应。据国内外的试验和生产实践经验表明，日粮中干物质以15%～20%为宜，最低不能少于13%。

饲料要稳定，避免日粮的突然改变，产前、产后4周避免突然改变饲料。特别是在日粮中增加含蛋白质和碳水化合物饲料时，要逐渐增加，使瘤胃内环境有一个适应阶段，减少消化道疾病的发生。

母牛产前几个月和产后要进行充分运动。

新产犊的母牛，每日采食精饲料不多于2次，这样可避免瘤胃酸中毒的发生。

加强饲料保管，严禁饲喂发霉、变质饲料。

保持瘤胃内环境相对稳定。运动场内设置食盐槽，令牛自由舔食食盐或碘化盐，促进唾液分泌，改善瘤胃pH值。在精饲料喂量大的情况下，为防止瘤胃pH值明显下降，可投服碳酸氢钠（以精饲料的1%为宜）或0.8%氧化镁（按干物质计）等缓冲物质。

定期用4%硫酸铜溶液喷洒蹄浴，定期进行全群奶牛修蹄。

十六、蹄关节炎

本病在奶牛发病率很高，多为化脓性炎症，通常是其他蹄病的继发症。

（一）病因 蹄关节直接受到损伤和感染引起的蹄关节炎少见，大多数蹄关节炎是周围组织有化脓性炎症过程蔓延引起的，如指（趾）间疾病、局限性蹄皮炎、蹄壁纵裂、白线病等。此外，化脓性腱鞘炎和腱筒炎、化脓性舟状骨滑膜囊炎等都可继发或并发化脓性蹄关节炎。化脓性棒状杆菌是本病最常见的致病微生物，其他如化脓性链球菌、大肠杆菌、葡萄球菌也有发现。有人提出坏死杆菌可通过血源感染引起蹄关节炎。

（二）症状 蹄关节炎可根据被侵害的组织和病性分为滑膜炎、关节囊蜂窝织炎、关节周围炎和骨关节炎等，但临床上鉴别困难。

关节炎初期，由于关节内有渗出物积聚，蹄关节内压增高，在指（趾）间和蹄冠背侧部可出现肿胀，浅颜色的皮肤可看到发红。压迫肿胀处，病牛有明显疼痛反应。有明显支跛。

随着化脓过程的发展，可出现全身性征候，体温增高，脉搏频数，呼吸浅表，产奶量下降，血液学检查可见白细胞增数。

化脓性蹄关节炎后期，蹄冠部可形成脓肿，破溃后成为久不愈合的瘘管；关节囊破溃后脓汁可流向关节周围各组织，引起其他组织的化脓性炎症，如化脓性腱鞘炎和腱筒炎、化脓性舟状骨滑膜囊炎。此时症状更为复杂。

如变为慢性经过时，临床功能障碍可减轻，病牛呈现进行性消瘦，蹄冠部可有久不愈合的瘘管，瘘管口常有水肿性肉芽组织。后期可见关节活动性受到限制，出现关节僵直。

腱和韧带可因坏死而断裂，出现相应的临床症状。也可引起骨关节炎，关节出现增殖性炎症。

（三）诊断 根据临床症状可进行诊断，必要时可用 X 射线检查帮助诊断。没有骨缺损的早期病例，X 射线检查可见关节缝隙增大，后期可见关节面有缺损，骨质密度降低，关节周围可有外生骨瘤形成。

（四）防治 病初应采取及时治疗，制止化脓性过程发展，局部和全身疗法相结合。

如关节内已化脓，应该尽早采取手术疗法将脓汁排出。

在远轴侧蹄壁关节水平线上钻洞，与指（趾）间隙打通，插入带洞的硬橡胶管，用大量防腐液冲洗。

十七、舟状骨滑膜囊炎

舟状骨滑膜囊是舟状骨与指（趾）深屈肌腱之间的滑膜腔，有时与蹄关节腔相通，发病时可互相影响。舟状骨滑膜囊炎多为化脓性炎症。

（一）病因 无败性舟状骨滑膜囊炎，常由屈腱过度紧张引起。化脓性舟状骨滑膜囊炎常继发于化脓性蹄关节炎、化脓性腱鞘炎和腱筒炎、局限性蹄皮炎、白线病和指（趾）间蜂窝织炎。

（二）症状 化脓性舟状骨滑膜囊炎时，球部后面和蹄冠部发热并出现肿胀，压迫时疼痛明显，指（趾）屈曲时，疼痛可减轻，伸展时，疼痛加重。舟状骨滑膜囊内积液或蓄脓时，很短时间就可能破裂，脓汁外流积聚在第二指（趾）节骨和指（趾）深屈肌腱之间，形成局限性脓肿，直径可超过5厘米，称为球部关节后脓肿。脓汁也可向背侧面或向上窜溢，可引起化脓性蹄关节炎、化脓性指（趾）腱鞘炎、舟状骨骨髓炎等，出现相应的症状。

（三）诊断 根据临床症状和X射线检查可以确诊。X射线检查可看出骨的变化，如滑膜囊是否完整、有无破裂、是否侵害到蹄关节等。必要时，可进行穿刺诊断。

（四）防治 应实施手术疗法，切除蹄底部分角质，将滑膜囊内的脓性渗出物彻底排出。更重要的是治疗引起本病的原发病。引起其他继发症时，采取相应的治疗措施。

局部疗法应与全身疗法配合使用。

十八、指(趾)部腱鞘炎和腱筒炎

本病系指屈腱腱鞘和腱筒的炎症，由于腱筒和腱鞘的关系密切，腱筒腔和腱鞘腔也是相通的，所以有炎症过程时，常同时发病。化脓性炎症时，脓汁经常蓄积于腱筒内，因为腱鞘此时功能已丧失，由增生的结缔组织替代。牛发生化脓性腱筒炎和腱鞘炎，多为继发性的。

(一)病因 指(趾)部外伤性非化脓性腱鞘炎和腱筒炎，多半由于腱剧伸引起，特别是腱系膜受到牵引时易发生腱鞘腔内和腱筒腔内液体积聚，这是由于破坏了腱系膜上的血管和淋巴流，导致回流发生障碍所致。

腱鞘和腱筒发生外伤后继发感染可引起化脓性腱筒炎和腱鞘炎，但实际上腱筒和腱鞘的化脓性炎症多继发于指(趾)部和指(趾)间的化脓性疾病，如指(趾)间蜂窝织炎、局限性蹄皮炎、白线病等。也可继发于蹄关节炎和舟状骨滑膜囊炎。

(二)症状 指(趾)屈腱无败性腱鞘炎和腱筒炎时，可看到其盲囊或憩室积液，由于渗出液体的压迫，有时可引起运动功能障碍。

临床上常见病牛指(趾)部化脓性腱鞘炎和腱筒炎，而且常是慢性经过。常常侵害后肢的外侧趾，患肢系关节部出现一致性肿胀，呈棒槌状，除腱鞘和腱筒被侵害外，其周围结缔组织也可能出现增殖，到后期腱鞘结构消失，完全由结缔组织替代。

化脓性炎症初期时，腱鞘盲囊可出现波动性肿胀，其壁逐渐增厚，并与附近的组织发生粘连，特别是腱鞘腔可能消失，腱筒内的脓汁变得浓稠，其中含有大量纤维蛋白。腱鞘壁也可能坏死，脓汁外溢，形成鞘外脓肿，或形成瘘管，不断向外排脓。

化脓性腱鞘炎和腱筒炎时，临床上有明显的运动功能障碍。

(三)诊断 根据临床症状可以确定，必要时可穿刺做检验确诊。应注意与蹄关节炎、指(趾)间蜂窝织炎、皮下脓肿等鉴别诊断。

(四)预后 预后应慎重，因为本病是继发于其他化脓性疾病，又可引起其他组织的化脓性增殖性过程，肢下部可变得很粗，结缔组织大量增殖，包围患病的腱和附属结构，下部的各关节变得僵直，失去运动功能。

(五)防治 非化脓性腱鞘炎，可放出过多的滑液，注入2%盐酸普鲁卡因溶液和皮质激素，外用压迫绷带，并使病牛静养。

化脓性腱鞘炎和腱筒炎，应彻底排除脓性渗出物，清除一切失去活力的组织和凝固的脓汁以及纤维蛋白块，切除坏死的腱组织。

腱组织切除时，可将两指(趾)尖用金属丝穿起来固定在一起，以减轻切除了腱的那个指(趾)的支持作用。

局部治疗的同时，应配合全身疗法和支持疗法。

十九、球部关节后脓肿

本病系指发生在球部蹄关节后指(趾)枕部的脓肿，是一种继发性疾病。

(一)病因 常继发于指(趾)间坏死杆菌病、化脓性舟状骨滑膜囊炎、化脓性蹄关节炎、球部角质糜烂和球部反复刺伤等。

(二)症状 球部上方两悬蹄下出现突出的局限性肿胀。临床上病牛有疼痛表现时，常与原发病有关系。屈曲和伸展有困难，通常以指（趾）尖立于地面负重。脓肿位置深在时，常常感觉不到波动，疼痛也不明显。脓肿的大小可有不同，最大的直径可达 7.5 厘米以上。某些原发病本身可有窦道或瘘管向外排脓。

（三）诊断　由于球部上方可有巨大的突起肿胀，本病容易诊断，但确定原发病比较困难。必要时做穿刺，可得到确诊。

（四）防治　球部关节后脓肿的治疗，保守疗法常常无效，确诊后需进行手术疗法。

手术部位应按无菌操作准备，采用传导麻醉。在指（趾）远轴侧球部角质上钻洞，除去局部角质后，用粗套管针从圆锯孔对着球轴侧上方刺入，通过脓肿到达球部上方皮肤，并在该处切开皮肤，插入带孔的硬塑料管，用大量防腐液冲洗，除去脓肿内的纤维蛋白块和一切坏死组织，冲洗 5～7 天，直到化脓过程停止，然后包扎固定。

全身应用抗生素治疗。

二十、疣性皮炎

疣性皮炎是指（趾）间隙的背侧或掌侧有菜花样突起的一种病理变化，至于这种病变是乳头状瘤还是皮肤过度角质化，目前尚无定论。

（一）病因　本病病因目前不详。

（二）症状　指（趾）间隙的背侧、掌侧出现菜花样隆起或增生，其表面有血清样渗出物，干燥后黏在隆起的病变表面。病变范围可延伸至系关节下方，有些病例伴有指（趾）间皮肤增厚现象。

（三）防治　治疗本病的较好办法是手术切除，然后涂以消炎药物并包扎，但个别病例有复发现象。

本病也可以采用烧烙的方法进行治疗。

二十一、蹄底脓肿

蹄底脓肿可发生于四肢并引起严重跛行。虽然后蹄外侧趾和前蹄内侧指多发,但并不是绝对的。

(一)病因 刺伤和蹄角质过度生长引起的蹄壁和蹄底沿白线分开是发生蹄底脓肿的主要原因。强制性地让牛通过石子地面、冰面或粗糙的放牧地是引起刺伤进而导致蹄底脓肿的常见原因。

(二)症状 跛行程度从中度跛行到患肢不能负重。发病急骤,类似发生了损伤。如强迫运步,病牛总是试图以健指(趾)负重。因此,若后肢外侧趾患病,病牛将叉开后肢以内侧趾多负重。慢性病例可能有冠状带区和系部的软组织肿胀,或由于感染沿真皮和角质小叶间迁徙在冠状带处形成破溃。

(三)诊断 提举患蹄、清蹄,通常发现患指(趾)温度高于健指(趾)。用检蹄钳检查时患指(趾)疼痛明显。通过刮削患指(趾)可确定脓肿的准确位置。通常可见明显的黑色线条或角质坏死灶,表明角质受到损伤而引起了蹄底脓肿。在较少的病例,这种外部表现并不存在,需用针刺确定最为疼痛区是否有脓汁蓄积,也可能需要X射线进行诊断。

(四)防治 一旦辨明蹄底的外伤,应用蹄刀的一端或挖槽器探查创道。如果创道延伸(通常为一个黑斑或一条黑线),应继续探查,直到打开蹄底,脓汁顺利流出。通过蹄底造成一个倒漏斗形的开口,彻底引流,开口直径以1～1.5厘米为好。不要急于去掉过多的角质,否则会影响愈合。

有些坏死角质存在于创道开口周围，充分引流后，它可被健康角质所替代。

如果感染在角质壁下从蹄底延至冠状带，应对创道进行灌洗，灌洗液加入抗感染药物并保证创道上下畅通，将异物冲洗干净。

引流建立后，局部应用抗感染药物，蹄部包扎绷带以免污染和异物进入引流区。若属贵重或展出牛需尽快恢复正常负重，可每日 1 次或 2 次用温硫酸镁溶液浴蹄（每升水加硫酸镁 7 克）以促进引流；于浴蹄的间隔期，引流区可用松紧织物或旧短袜保护起来。除非指（趾）上部的软组织发生肿胀，提示深部感染时，并不需要全身应用抗生素。虽然牛蹄底脓肿后发生破伤风的机会不多，但并非不可能，所以有破伤风发病史的牛场应对蹄底脓肿病牛进行预防注射。

病状经常于 24 小时内得到改善，几天后便可正常负重。除非病牛仍旧跛行或蹄上部软组织过度肿胀，否则不需进一步治疗。绷带应留置原位 1 周左右时间。

二十二、白 线 病

白线病是指连接蹄底和蹄壁的软角质分离，常由一些尖锐异物刺伤所致，刺伤后导致真皮感染形成脓肿。壁小叶比底小叶更易受到感染，症状更明显。结果可在蹄冠处形成脓肿，并破溃形成窦道。通常远轴侧易遭受损伤，公牛蹄尖部白线多发。各种类型的舍饲牛都可发生白线病，特别是集约化养牛，其发病率可能增高。

（一）病因 正常运动时，远轴侧白线经常受到最大的牵张，特别在硬地上运步或爬跨时，更加重对白线的牵张。牛的某些蹄变形，如延蹄、卷蹄、芜蹄、尖蹄等；蹄长期浸泡于粪尿和泥泞的场地，蹄角质不良、脆弱、崩裂等因素都易导致白线病。

发情牛互相爬跨、公牛配种，都可使白线受到牵张而裂开，也可继发于蹄糜烂、刺伤和挫伤等。

(二)症状 后肢的外侧趾最常发病，但也可侵害其他指(趾)。白线病早期不易被发现，只在修蹄时容易看到。

白线分离开以后，小石子、泥沙、粪土等异物嵌入到裂开的白线内，可使裂口继续加大，如不及时发现和去除，则向深层延伸，涉及真皮时，引起化脓性过程。感染一般沿蹄壁真皮向蹄冠部蔓延，在蹄冠处形成脓肿。也可向深部组织蔓延，引起舟状骨滑膜囊炎、舟状骨骨髓炎、指(趾)深屈肌腱坏死、化脓性蹄关节炎等。

小的浅裂没有延伸到真皮时，一般没有功能障碍。如裂到深层，涉及真皮小叶时，病牛可有疼痛表现。

真皮发生感染时，可见牛患肢或患指(趾)减负体重，如牛外侧趾患病时，可见肢外展，以内侧趾负重。触摸蹄壁温度时，可感到温度增高，叩诊蹄壁时，病牛有疼痛反应。

运步时可有轻度到中度支跛。清蹄后检查蹄底时，可见患部的白线颜色变深，宽度加大，仔细检查可看到裂开的白线内嵌有异物。取出异物后，有时有少量污黑色渗出物流出。

比较重的病例，蹄部症状更为明显，常常蔓延到蹄冠，引起蹄冠蜂窝织炎和脓肿。也有向深部组织蔓延的，引起舟状骨及其滑膜囊的化脓性炎症，指(趾)深屈腱及其腱鞘、腱筒的化脓性炎症，蹄关节的化脓性炎症等。在这些情况下不但局部的症状更为明显，出现明显的跛行，而且可能有全身性征候，体温升高，泌乳量下降，食欲减退等。

(三)诊断　本病的病变部位固定，容易诊断，但应与蹄底刺伤、局限性蹄皮炎、蹄裂等做鉴别诊断，因为这些病的临床表现相似。诊断时注意仔细清除蹄底的粪土脏物，必要时要将蹄底角质薄薄削除一层，才容易看清病变。

(四)防治　白线病治疗的原则是扩大裂口，削除部分角质，使裂口呈倒漏斗状，便于渗出物排出。裂口内应用防腐液后，暂时包扎，根据病情决定更换药品和绷带的时间。全身应用抗生素，注意预防破伤风。

可在相对的健指(趾)下粘一木块，让健指(趾)负担体重，以利患指(趾)的康复。

如感染蔓延到深部组织引起深部组织的化脓性过程时，可在蹄壁上钻洞，暴露化脓性病变，切除坏死的组织，不断用大量防腐液冲洗，以控制感染。如手术治疗尚不能奏效时，可考虑用截指(趾)术。

第四章 奶牛蹄部的保健

第一节 修 蹄

修蹄是指利用刀、剪、锯、锉或修蹄器等器械，以外科手术方法使蹄的形状及其生理功能得到恢复的一种技术。修蹄是保护奶牛肢蹄健康的一种极其主要的技术措施，为现代奶牛生产的一部分。

合理而及时地修蹄，能够矫正蹄形，防止蹄变形程度加剧，导致肢势的改变。对已发生蹄病的奶牛，通过对蹄进行的切削修整，使蹄形正常，跛行减轻甚至消失，恢复蹄功能。当趾间腐烂、蹄糜烂和腐蹄病发生后，经合理修蹄，能促使蹄病痊愈。另据报道，及时修整蹄形可提高产奶量1.5%～4%，可提高奶牛的利用年限，降低因蹄变形、蹄病造成的淘汰率。

一、修蹄前的准备工作

(一)修蹄的判断和判断顺序

1. 修蹄的判断 合理的修蹄可以预防肢蹄疾病、损征、蹄变形的发生，并有保护、矫正肢势和蹄形的作用，从而有利于发挥奶牛最大的生产性能。在修蹄前应进行仔细检查，判断何处需要修蹄，如何修蹄等。进行判断时，要求掌握被修蹄牛的饲养管理情况、牛床的结构与宽度、有无运动场及其大小，然后仔细观察牛的体型、肢势、趾轴、蹄病、损征、蹄形、步样等与个体的关系，还要注意品种、用途、年龄、体格大小、体重和地理环境条件等。

2. 修蹄的判断顺序 使修蹄牛自然站立在平地上，从前、侧、后方做驻立检查，然后进行步样检查，最后进行站立间细部检查。步样检查应在常步运动下进行。

(1)驻立检查 对前、后肢通过前望、侧望详细观察肢势状态，根据表现的现象，确定肢势的类型和修蹄的重点。无论哪种蹄形虽为同名部位，但在不同的肢蹄上，却各有差别。

广踏兼外向肢势的前蹄，呈内狭外向蹄，外蹄比内蹄纵径长，蹄侧壁稍隆凸，蹄轮的间隔宽。蹄尖轴侧弯曲。外蹄横径宽，蹄壁不隆凸，蹄角度稍起立。

后蹄广踏兼外向肢势的蹄形，呈内狭外向蹄，与前蹄不同的是形成内蹄小、外蹄大的不同蹄，内蹄壁向里卷。外蹄大，蹄壁凹弯，蹄角度低，横径增加。

此外，还要仔细检查蹄冠、蹄壁和蹄轮的状态，负面和白线的状态以及趾间面状态等。

(2)步样检查 前、后肢基本相同。主要注意运步时蹄先着地的部位，牛一般外蹄踵比外蹄侧先着地。内蹄踵过高时，则使该部先着地。

蹄尖特别是后肢蹄尖显著延长时，因蹄尖干扰不能外弧运步，成为内弧步样(与蹄踵无关)。

牛的步样随运动速度而改变。常步运动时，头向前下方低，尾直下垂，运步的顺序是左前、右后、右前、左后，疾跑时则顺序改变。

(3)细部检查 通过上述驻立、步样检查得出大体判断，还要进一步详查负面、蹄底、趾间、蹄踵的状态，切削的范围，蹄底的厚度、弯度、穹隆度、枯角量以及蹄踵的高度、弹力，蹄侧壁的高度、长度、弯度等，最后确定合理的修蹄方案。

（二）泡蹄 泡蹄使蹄角质变软，容易修削。其具体方法是：在蹄浴池中放适量清水，以没入牛蹄的系关节为宜，然后在其中放入 4％硫酸铜溶液。此时，将牛赶入蹄浴池中浸泡大约 30 分钟。没有蹄浴池的可以冲洗，直至角质软化为止。同时，冲洗干净便于发现和处理其他蹄病。

（三）器械和药品

1. 器械 蹄铲、直蹄刀、镰形蹄刀、砍刀、修蹄踏铲、修蹄凿、蹄钳、电动蹄刨、修蹄剪钳、蹄锉、绳、修蹄木锤、修蹄凳、工作服、围裙、胶靴等。

2. 药品 消毒棉、硫酸铜粉末、10％碘酊、松馏油、来苏儿、高锰酸钾、绷带等。

（四）修蹄保定 修蹄牛的保定很重要，目的在于保证顺利修蹄和人、牛的安全，防止发生事故。对不同牛要采取不同方式接近和保定，奶牛比较容易惊恐，没有举肢习惯，保定时切忌粗暴。

修蹄牛可站立保定或倒卧保定。一般温驯的牛可站立保定或六柱栏内保定。为了安全可靠，可用药物保定，即注射适量的静松灵、保定宁或其他肌肉松弛剂进行倒卧保定。

1. 站立保定 六柱栏铺上木板，牛站在板上保定，缰绳系短固定牛头，牛肩部、腰荐部各横压一根粗绳，此绳要系紧，以防牛抬臀、起跳、提肢伤人。站立保定适用于小直铲刀切削过长、过宽的角质和趾间多余角质，用蹄锉整形，也可用于长臂蹄铲切修蹄底角质。

2. 前肢提举保定 在胸部用宽 15 厘米的腹带将牛稍吊起，便于提肢固定时承受一定的牛体重量。然后用一根长绳对折，在系部套住牛蹄，绳扣位于系凹偏内，拉紧两根等长的绳，套牢系部，一根绳由外向在该肢对应的横柱上绕一圈，另一根绳向后牵引，提肢时由一人在鬐甲部向对侧推，使牛体重心偏移，迅速向后牵引并拉紧，则牛前肢屈曲，使关节以下和腕关节以上呈垂直状态即可。

3. 后肢提举保定 用一根长绳，在一端系一结实小环，绳在牛后肢对应横柱上绕一圈，穿过小环拉紧并将其分为三等份(一双绳、一单绳)。双绳由后立柱外从跗关节内下向后，在跖上部绕过，再在横柱上绕一圈，提肢时一人在髋结节处向对侧推牛体，重心移向对侧。迅速拉绳，使后肢固定在后立柱上，绳拉得越紧，保定越确实，拉紧后将绳压死并再绕一圈，单绳在跗关节上绕一圈并固定在横柱子上，拉紧，彻底将后肢保定，便于修整蹄底，修完后只要拉单绳，绳即可全部松脱。

将牛保定确实后，术者站立于所要修蹄的外侧，根据蹄变形和蹄病的不同，分别进行修整。

二、修蹄时的要求

依据修蹄方案，先切削，然后用蹄锉修好，最后涂蹄油(根据需要进行)。

第一，左右肢内外两蹄的大小、形状、角度、方向、长度等在切削时一般不易掌握。因此，在实际操作过程中，必须力求适应肢势、蹄形、蹄坐(蹄负重时的姿势)、趾轴一致的需要。

第二，一般不切修蹄壁面，如若蹄延长，蹄壁面凹弯或蹄尖都弯曲者，应做适当的锉削或剪除，做好蹄形的修整，切勿损伤蹄冠部。

第三，修蹄时一般要多修蹄尖部，爱护蹄壁、蹄踵。但平蹄、丰蹄容易过削，应予以注意。在前蹄的蹄尖部设上弯，便于运步，体重大的牛尤为重要。

第四，蹄底、蹄尖部的枯角仅切削一部分，保留大部分。蹄底白线外围的负面要切削达到正形平坦。轴侧部的趾间部分下面切成凹弧，其程度因蹄形而异。

第五，对蹄踵、蹄底后部必须爱护，切勿过削。对疏松的枯角，要适当切削除掉。

第六，严重变形的蹄，修蹄间隔时间要短，要有计划地进行多次切削矫正。

第七，一般牛前蹄的内蹄踵、蹄底延长比较明显，要注意切削。

第八，蹄负缘切削后要锉成钝圆形，预防锐角损伤乳头和乳房。

第九，使用镰形蹄刀切削蹄底或弯曲的蹄尖时，每次切削量要薄而少，以防过削。对内外两个不同大小的蹄，要先切大蹄。镰形刀切削的顺序是先削蹄底枯角、蹄尖、蹄侧、蹄踵，最后削轴侧壁。整形、矫正蹄角度时，则应从小蹄开始。

三、修蹄的方法

根据修蹄的目的不同，例如异常蹄的矫正，损征和病蹄的修整以及作为治疗性的处置等，其方法分为维持修蹄、诱导修蹄和矫正修蹄 3 种。

（一）维持修蹄 是预防肢蹄异常、变形的一种修蹄方法，可预防蹄的延长和不正磨灭，使蹄与肢势适合，保持蹄处于自然形态，大小适中，蹄坐良好。

（二）诱导修蹄 是使先天性肢势、蹄形不良的牛，以及骨关节和有关组织尚无明显改变，骨端软骨的骨化过程尚未完成时期的牛的肢势、蹄形趋于正常的矫正性修蹄方法。如对犊牛3个月修蹄1次(出生后1个月蹄即开始延长),可使趾轴一致、蹄坐良好、踏着正常,同时还可程度不同地矫正先天性缺陷和损征。

(三)矫正修蹄 对于后天性肢势、蹄形不良,具有变形蹄、病变蹄的牛,根据不同个体的具体情况,给予相应的矫正,使自然肢势和蹄形得到保护性的方法,就叫矫正修蹄。老龄牛(12岁以上)一般不易彻底矫正,只能进行保护性修蹄,力求使各蹄负重均衡。

四、不同蹄形的修蹄方法

(一)正形蹄 仅稍许切削蹄前部延长的角质,蹄踵基本不削,按维持修蹄方法修整。

(二)过长蹄、延蹄、长嘴蹄 这种蹄一般仅蹄壁延长,而蹄底较薄。应注意切削延长部分,蹄踵、蹄壁下缘过高部和枯角做适当切削,使蹄尖着地、蹄坐良好,使趾轴方向得到调整。这类蹄经一次修蹄一般不易达到矫正目的,需缩短间隔时间多次进行。对延蹄要尽可能切修蹄尖,提高角度,缩小蹄的纵径。对蹄尖弯曲的长嘴蹄,不应一次切削过多,防止过削。蹄底是狭窄蹄时,要注意保护,切不可多削。

(三)外向蹄 修蹄时注意蹄形的修整,对负面的切削应以前后望时趾轴一致为重点。肢势分先天性、后天性和一时性的。对先天性肢势要适应其肢势修蹄,对一时性的应做诱导修蹄矫正。外向蹄时内蹄踵发达,多削内蹄踵,保护外蹄踵,以促进均衡负担体重和内蹄踵发育。

内蹄从蹄踵到侧壁要多削,外向程度重者,轴侧壁负面适当切削。外蹄应切修蹄侧、蹄尖部,保护外蹄踵。这种蹄应及时矫正修蹄，否则内蹄踵变狭窄并举踵，有的甚至跛行。同样是外向蹄，在后肢多表现与前肢左右相反。

（四）内向蹄　奶牛前肢较少发生。修蹄方法恰恰与外向蹄相反，即内蹄当外蹄、外蹄当内蹄处理即可。

（五）高蹄、起蹄（立蹄）　蹄踵发达，蹄角度急，如趾轴前方破折，此时应多切修蹄踵，保护蹄尖，使角度徐缓降低，力求趾轴一致。

（六）低蹄、平蹄、扁平蹄、丰蹄　这类蹄薄而扁平，要保护蹄踵，多修蹄尖，注意趾轴一致。轴侧壁应充分切削。切修蹄隆起枯角，造成内倾斜。对扁平蹄、广蹄、平蹄要多锉修蹄下缘并加以整形，在整形中要着重对蹄缘与负面的形状进行修整。丰蹄要爱护负面。

（七）狭窄蹄、弯蹄、倾蹄（卷蹄）　内外蹄的外侧壁下面向蹄底卷曲的叫狭窄蹄。仅一侧蹄壁倾斜或卷曲的是倾蹄，蹄壁弯曲的为弯蹄。这类蹄不易矫正，蹄壁卷曲部分应尽量削除，蹄踵高的应多削，使蹄负面均衡负重。轴侧壁不削，注意扩大蹄负面。弯曲蹄壁要整形锉削。蹄壁下面尽可能保护，适当修蹄底部使负重均衡。

倾蹄过重时，对倾蹄侧的蹄负面在允许范围内可多削些，以扩大支持面。而对侧偏斜侧的蹄壁下缘要适当锉去，以减少其支持面。

（八）蟹蹄　两蹄尖交叉接触，应切除延长部分，多切蹄踵，使蹄底稍向外倾斜，以扩大蹄底面积。不切削轴侧壁下缘。

（九）开蹄　与蟹蹄相反，趾间开大，要保护蹄踵，使蹄起立，充分切削轴侧壁。

五、不同肢势的修蹄方法

(一)前肢的不正肢势

1. 外向肢势 奶牛多伴随外向肢势形成外向蹄。前蹄的蹄形,外蹄比内蹄小、宽而短,内蹄尖多向轴侧弯曲,因此应采取诱导修蹄法,切削内蹄轴侧弯曲的蹄尖部。当内外蹄并拢后,使内蹄略高于外蹄的程度加以修整。每年应修蹄 4 次以上,如长期不切削,易形成铗状变形蹄。

2. 狭踏肢势 多见于狭裆牛,体重偏落于外蹄。按诱导修蹄法切削内蹄的延长弯曲部及蹄下缘的扩张部,整形的重点是内蹄稍比外蹄低些。但对外蹄踵以不切为好,因易形成狭窄。每年修蹄应不少于 4 次。

3. X 状肢势(外弧肢势) 膝(腕)以下广踏,体重落于内蹄。可采用诱导修蹄法,对内、外蹄的切削要求与狭踏肢势相反。

4. 广踏肢势 体重多落于内蹄,内蹄比外蹄大。见于前肢上胸幅窄,膝(腕)以下呈广踏以及体宽的牛。由于内蹄壁、内蹄踵负重较大,该部较发达,倾斜度急,弧形小,因此主要应多削内蹄踵、内蹄壁。锉削外蹄尖部进行整形。这种肢势应防止修蹄过迟,否则内蹄变狭窄、举踵、裂蹄,重者变为倾蹄、弯蹄。

5. 前踏肢势 奶牛前踏肢势少,多形成蹄尖长的平蹄(低蹄),并易导致凹膝。腕关节、系关节、腱等发生变化时须及时矫正。按平蹄的诱导修蹄进行处理,但接地面不应过小,力争趾轴一致。

6. 后踏肢势 此肢势主要表现为立肩、肩短,多发生于运动不足。因蹄尖磨灭,蹄踵部较高应多削。保护蹄尖,使蹄角度稍低，保持趾轴一致。根据具体情况每隔 2 个月修蹄 1 次，必要时持续数年矫正修蹄。

（二）后肢的不正肢势

1. X 状肢势（外弧肢势） 奶牛多有此种肢势，体重偏压内蹄。可采取诱导修蹄法，用蹄锉锉削外蹄的延长负缘和蹄尖。内外蹄对比外蹄应削低些，促使体重向外转移。每年修蹄 4 次，促其略倾向狭踏，保持飞端（即跟骨近端的跟结节）有一定间距。前蹄迟缓与外向蹄同样呈狭窄蹄。

2. 狭踏肢势、O 状肢势（内弧肢势） 体重一般多压在外蹄，采用诱导修蹄法，每年修蹄 4～5 次，要根据蹄形考虑切除蹄尖、蹄壁、蹄底、蹄踵部，内蹄应略低，在负重时使之趋于广踏。

3. 前踏肢势 舍饲牛因长期拖延修蹄易引起前踏肢势。体重主要落到蹄踵部，易引起跗关节、系部发生改变。采用诱导修蹄法，保护蹄底、蹄踵，充分切除枯角使蹄起高，最终应达到趾轴一致，内外均衡负重的目标。如修蹄拖延，蹄尖延长易呈曲飞（跗关节角度偏小）。形成曲飞则不易矫正，此时应每隔 2 个月修蹄 1 次。

4. 后踏肢势 体重偏落于蹄尖部。跗关节、系关节负担加重并易发生变化。采取诱导修蹄法，对伴发高蹄的，应保护蹄尖，多修蹄踵。如为低蹄，要保护蹄踵，剪除延长蹄尖，使趾轴一致，造成内外两蹄有较宽的支撑面负担体重。牛在直飞（跗关节角度大于 157°）时易被误认为后踏肢势，应予以鉴别。

5. 外向兼 X 状肢势 此肢势在牛的后肢最多见，因外蹄踵过度磨灭，应予以保护，外蹄尖到侧壁和蹄底则应充分切削。内蹄较外蹄小，为使蹄底和蹄踵部着地适宜，要切削该部，使内、外蹄的大小一致。

六、异常步样的矫正修蹄方法

(一)交突步样　前肢高度外向广踏，运步时蹄尖外向，看起来像狭踏步态或X状肢势。对此必须以切短延长的蹄尖，促使内外蹄坐良好为重点。注意锉削从内侧中部到蹄尖部负面的外缘。

(二)追突步样　主要发生于前低后高体型的牛和集合肢势或修蹄延缓以及后蹄尖延长的牛。切削后蹄延长的蹄尖部，提高蹄角度，对前肢后踏者可适当多削其蹄踵部。

(三)捻转步样　后肢向内方出步，易引起曲飞、狭踏、O状肢势，外蹄踵过低。注意切削内蹄负面使蹄坐良好，对跗关节尚无改变者应保护外蹄踵。此步样常是先天性的，矫正较困难。

(四)交叉步样　多见于高度广踏和狭踏肢势兼外向肢势的牛，交叉步样严重时呈交突步样。可按交突步样修蹄。

七、病蹄的保护修蹄方法

(一)折损蹄　内蹄和外蹄的一部分因过度延长而折损，往往伤及知觉部，伴发出血、疼痛、跛行，多见于后肢。对此应做保护修蹄，切除折损角质修整外缘，处理后包扎松馏油绷带。

(二)蹄壁缺损(崩蹄、负缘裂)　前后肢均可发生，外蹄壁下部或蹄尖部出现蹄壁缺损，深达蹄真皮并有出血。对此应做保护修蹄，做外科处置预防感染，定期修蹄。缺损的角质依自然生长填补。

(三)蹄真皮挫伤(蹄血斑)　发生于蹄底部的冲撞和蹄后半部的压迫损伤，真皮层毛细血管受到损伤，随着修蹄可见红色、黄色、蓝色的斑点。做保护性修蹄，干性蹄血斑可不治疗。只要注意修蹄保持蹄坐良好，重者患部造凹面避免压迫。

(四)裂蹄 蹄壁一部分角质沿角细管方向纵裂或沿蹄轮方向横裂，常发生于轴侧壁，主要致病诱因是蹄过度干燥、运动不足或在不平地上激烈运动。应做保护修蹄，纵裂在患部负面设凹面，减轻该部的负担，消除刺激，为防止负缘表层裂纹扩大，可在裂缝上端健康处造横沟，最好结合使用蹄胶，效果良好。

(五)指(趾)骨瘤 冠关节的慢性炎症，有时引起系骨远端冠骨近端及其周围发生骨瘤，患肢蹄发育不良而且较小。蹄角度峻立。周围指(趾)骨瘤多为良性，关节指(趾)骨瘤预后不良。多见于前肢。应进行保护修蹄，蹄角度不宜过低，多修蹄尖部，保护蹄踵部。应注意趾轴的一致和蹄坐良好。

(六)蹄球炎 蹄球的炎症表现温热、疼痛、肿胀、跛行，如不及时修蹄，可因体重偏落于蹄踵而使蹄尖翘向上方，指(趾)轴后方破折。可进行保护修蹄。为减轻蹄踵部的过多负担，应多修蹄尖部，提高蹄的角度。必要时配合外科治疗，如冷蹄浴，重者酌情治疗。

(七)跗关节软肿 跗关节滑膜囊内浆液性渗出异常增多时，呈波动性肿胀。直飞和 X 状肢势易导致本病，左跗关节发生较多。进行保护修蹄，不要拖延修蹄时机。切修蹄尖负面，促进蹄立起，重点是肢势、蹄形的矫正，使负重均衡，蹄坐良好。

(八)系关节软肿 是系关节的关节液、腱鞘液增多潴留引起的系关节软肿和腱鞘软肿。长期拖延修蹄，易引起过长蹄和系关节扭伤。定期做保护性修蹄,多修蹄尖部,内蹄负面要低些。

(九)膝瘤 为腕前黏液囊炎的后遗症,无痛性慢性肿胀,常并发胼胝,一般无跛行。多呈后踏肢势,可保护性修蹄,要爱护蹄尖部。如因运动不足出现延蹄时,应定期修蹄,削短蹄尖部,便于蹄的起落并确保蹄坐良好。

(十)过削 在修蹄时因判断失误切削过度所致,多使蹄尖部或蹄底部角质留得过薄或切到知觉部引起出血。应酌情进行保护修蹄,烧烙止血,涂碘酊并包扎松馏油绷带。

(十一)芜蹄 为蹄叶炎的后遗症,常发生于内、外蹄大小差异悬殊之中的大蹄。应进行保护性修蹄,蹄叶炎急性期转为慢性期即应修整蹄形。要根据蹄的变形和蹄骨变位程度,沿蹄骨前面水平线切修蹄尖,沿蹄骨底面平行切修蹄踵部,要缓慢地多次进行矫正。

(十二)指(趾)间腐烂 是常发生于舍饲牛或低湿地放牧的肉牛和奶牛的一种疾病,患蹄指(趾)间腐烂、恶臭。每年应进行 4 次保护修蹄,矫正趾轴后方破折,同时注意保持牛舍、牛蹄的清洁卫生和干燥。

八、副蹄的修蹄方法

副蹄由皮肤的乳头层生发,为角质结构,在蹄球后方内外各有 1 个。在放牧牛可适度磨灭,舍饲牛基本不磨灭,自然延长,尖端曲向蹄球,过长时易引起系部、蹄球、乳房、乳头的损伤,故应在定期修蹄时将过长部分切除。副蹄和主蹄一样,前肢内侧、后肢外侧的副蹄较大。副蹄从根部上切削易出血,在距皮肤表面 1.5～2 厘米处切除为宜。用蹄刀、剪蹄钳剪断,锉平。

九、修蹄时的注意事项

为了能够在修蹄时顺利进行工作，修整合理，使修蹄后的奶牛肢蹄生理功能及时得到恢复，临床工作时应注意以下事项。

（一）做好蹄部检查 检查项目包括长度、形状和趾高，判断蹄形的标准是：正常牛前蹄趾长为 7.5～8.5 厘米，后蹄趾长为 8～9 厘米，蹄底厚度为 5～7 毫米。

（二）根据各蹄形具体情况，决定修去角质的程度 当趾长度正常时，蹄底部只能稍加切削即可，不要将蹄底削得太薄，否则易伤及知觉部。对变形十分严重者，修蹄时应倍加小心，因其趾的内部形状发生了变化，防止过削出血。

（三）保证蹄的稳定性和良好的功能 尽量少削内侧趾，使内侧趾尽量高，并使两趾等高，在奶牛站立时，新的蹄负面要和跖骨的长轴有适当的角度。

（四）注意蹄底的倾斜度 蹄底应向轴侧倾斜，即轴侧较为凹陷，在趾的后半部，越靠近趾间隙，倾斜度也应越大。保留一定倾斜度的目的在于减少局限性蹄皮炎和裂隙的发生，减少来自地面对蹄底病变部位的反冲力，使蹄在负重时两侧趾分开，蹄趾间不易存留污物、粪草。

（五）蹄角质病变时的修蹄 发生角质病变时，应将趾后方尽量削低，除去蹄底、蹄球和蹄壁的松脱角质；削薄角质缘并使之过渡平缓。创内真皮因受刺激而增生，如果突出明显而基部狭小，可用锋利的蹄刀将这种增生的肉芽组织整个切除。

（六）跛行病牛的修蹄 修蹄时应先修患蹄，再修健蹄。由于一肢跛行，健肢的外侧趾必然过度负重，因患肢常呈减负或免负体重，健肢的过度负重将会持续。为保证健肢的良好功能，应对其进行功能性修蹄。如跛行严重，健肢不能提起，置病牛于干净、干燥、松软地面的良好舍饲环境，加速病愈。跛行减轻，再尽快给健肢修蹄。通常情况下，跛行病例经修蹄治疗会很快好转。若修蹄后数日或1周，跛行仍无明显改善甚至加剧，应对有关趾进行详细检查，以确定具体病因，做出相应处理。

（七）修蹄时间　可安排在土地反浆之后、雨季到来前，过早修整、气温低，则蹄角质坚硬，修蹄困难；过晚修蹄，天热、雨水多，修后不易护理，易于感染。

（八）修蹄后的管理　凡因蹄病（真皮损伤）而经修整处理后的病牛，应置于干净、干燥的牛舍内饲喂，保持蹄部清洁，减少感染机会。

第二节　护　蹄

护蹄即蹄的护理。为保证肢蹄健康，护蹄应是奶牛场的一项经常性措施。

牛蹄负担体重的部分是蹄壁下面、白线、部分蹄底和蹄踵所形成的负面。由于牛蹄的负面比较狭小，蹄底角质的厚度仅5～6毫米。同时，舍饲牛长年生活在倾斜坚硬的水泥地上，再加上具有相当重量的乳房，牛体重心后移，后肢负重偏多。硬地面的反冲力和干燥，蹄角质的硬化和弹性的降低，以及长期运动不足等引起牛蹄的不正磨灭或蹄角质延长，均促使发生蹄变形和蹄病变，直接影响生产性能。因此，若使牛蹄很好地支撑500～1 000千克的体重，并充分发挥其他功能，就必须进行科学的修蹄和护蹄。

实践证实，蹄病的发生与修蹄的有无、次数的多少以及技术高低有重大关系。不修蹄的、修蹄次数少的，蹄病的发病率较高。每年如能做到不少于平均4次的定期修蹄，可使蹄负面均衡负担体重，肢势良好，角质的延长适度，保持适应肢势的蹄形，趾轴、蹄坐良好，预防蹄变形和蹄病发生，并且能够早期发现与治疗蹄病。合理的正常修蹄能提高泌乳量，延长使用年限，提高受胎率和胎次；增多人、牛接触机会，有利于对牛的驯化管理。

广义来讲，修蹄的本身也是护蹄，而且也是一种十分有效的护蹄措施，通过修蹄，使指(趾)各部及其负重得到较为合理的分配，健康的知觉部负重较多，患部能得到适当的休息。由于除去了压迫真皮的角质和病理性分泌物，故可促使患指(趾)的康复。

修蹄后的护理与否以及采取哪种方法，应根据奶牛蹄病的程度、有无跛行等灵活掌握。

对于无跛行且仅表现出蹄变形的病牛，修蹄后通常不需特殊的护理；对表现跛行的病牛，只要知觉部的抵抗力和愈合能力未受很大影响，当修蹄后，经过数日或1周时间，临床症状会有明显改善。

当蹄知觉部受到侵害，真皮已经暴露，呈开放性病灶的病牛，应防止来自外界的损伤，促使挫伤的知觉部完成愈合过程。如果患蹄仍能负重，可装置蹄绷带，主要起保护患指(趾)伤口免遭损伤。常用于局限性蹄皮炎。打蹄绷带之前，用0.1%高锰酸钾溶液或1%来苏儿溶液冲洗病灶，并将坏死组织清除，创内放入松馏油棉球填充后，再装置绷带。对于病情严重，患指(趾)不能负重的病牛，可装置木块或橡胶块，其目的是使患指(趾)完全休息，使奶牛疼痛减轻，稳健运步，间接起到保护蹄的作用。装木块前，应将指(趾)削平并保持合适角度，使蹄底牢固。木块的厚度为2～3厘米，固定时间约4周。

蹄绷带和健指(趾)装木块相结合使用，效果更好。

一、蹄 浴

蹄浴即浴蹄。指用一定浓度的消毒药液处理牛蹄，借以达到预防、改善或治疗临床蹄病的一种经常性的卫生措施。

蹄浴所用的药物以甲醛最佳，其浓度为1.2%～2%，即在100升水中加入市售的40%甲醛溶液3～5升，混合即可。

4%硫酸铜溶液对奶牛浴蹄效果良好。其优点是：第一，该溶液能有效地杀灭牛场环境中微生物和牛蹄部的多种病原菌；第二，能增强牛蹄角质硬度，提高蹄部皮肤的抵抗力；第三，溶液无挥发性，无异常气味，刺激性小，长期使用不会对皮肤造成损害；第四，省工，省力，价格低廉，方便适用。

蹄浴因其药液和指(趾)间皮肤接触充分，所以蹄浴不仅对蹄部角质糜烂，对其他许多蹄病也都有预防效果。

蹄浴不仅适用于舍饲奶牛，而且也适用于放牧的牛群。在夏季对舍饲奶牛蹄浴，极易做到；放牧季节实行蹄浴最为适合，因此时牛蹄比较清洁，未沾有大量的粪污。

蹄浴可减少感染机会，再加上每年进行1～2次的清圈消毒，蹄病发病率将会大大降低。在当今集约化奶牛生产过程中，蹄浴已被普遍认为是护蹄的一种较好的卫生保健措施。

根据蹄浴的形式、所采取的方法不同，将蹄浴分为喷洒蹄浴和浸泡蹄浴2种。

(一)喷洒蹄浴 将药液直接喷洒在牛蹄上的方法称喷洒蹄浴。

奶牛站立保定，用清水充分洗净蹄部的泥土、粪尿等脏物；术者站在牛的侧前方，打开背在身上的去掉喷嘴的塑料喷雾器开关，将4%硫酸铜溶液向蹄上直接喷洒。夏、秋季每隔5～7天喷洒1～2次，冬、春季可适当延长间隔时间。

(二)浸泡蹄浴

1. 浴池设计 舍饲奶牛挤奶方式包括上槽挤奶和挤奶厅挤奶，即挤奶有固定地点。蹄浴池可设置在奶牛必经之处，上槽挤奶前和挤奶后下槽牛都能从该池内通过。蹄浴池大小以长3～5米、宽1米、深15厘米为宜。

2. 药液与用量 5%～10%硫酸铜溶液或1.2%～2.4%甲醛溶液，其用量以没过奶牛系关节为宜。一般来说，此种蹄浴可进行6～8周，必要时，可长期使用，使奶牛每天经过蹄浴池。

3. 蹄浴时应注意的事项

一是为使吸附于蹄部皮肤上的药液发挥作用，故在浴蹄后应将奶牛置于干燥场地30～80分钟，使蹄自然干燥。

二是为保证药效，池内药液每月更换1～2次。

三是药液温度在15℃以下时，药效下降，故应用热水配制溶液。

四是蹄浴中，当牛蹄皮肤受刺激而表现踢腿症状时，应立即停止蹄浴，约经2周后，待蹄恢复正常再进行蹄浴。

五是患有指(趾)间蜂窝织炎的病牛，不要蹄浴。

二、蹄部的日常管理

(一)适当的运动 运动适宜，可促进蹄的血液循环，使蹄角质生长正常。

(二)清除指(趾)间污物 牛的指(趾)间容易夹住泥草等污物，易引起指(趾)间、蹄底腐烂，必须及时清除。

(三)创造良好环境，保证蹄部卫生 牛蹄角质的硬度和弹性与角质部角细管的性状和所处环境密切相关。蹄角质硬度大的，单位面积所含有的角细管数量多；弹性大的，角细管细胞的伸缩幅度大。放牧牛蹄的硬度和弹性比较好，但地表湿度过大，接触时间过长时，易被软化。严冬时，因气温过低，易使蹄角质硬化，弹性降低，若修蹄不充分，易引起过长蹄。酷暑季节，时常给牛洗蹄或驱至小溪、蹄浴池中，使蹄保有适量水分是保持蹄卫生的重要措施。但吸收水分过多，蹄角质软化易脆弱或蹄底下沉，形成平蹄，应予以注意。

为保证肢蹄健康，应经常保持牛舍和运动场的清洁、干燥；粪便及时清扫，污水及时排除。保持运动场平坦，不用炉渣、石子铺运动场；见有砖头、石块及时捡出。保持蹄部卫生，夏季每天用清水冲洗。常年坚持用4%硫酸铜溶液喷洒蹄浴。

(四)蹄匣涂油　为使牛蹄保持适当的湿度，促进角质正常生长，须注意蹄的涂油。对蹄底、蹄踵部要多涂，蹄冠、蹄壁可涂薄些。涂油可防止蹄部水分的散发和过度吸收。

蹄油以植物油和动物油为好，如大豆油、棉籽油、菜籽油等，有挥发性和刺激性的矿物油对蹄有害，容易腐臭的油脂不宜使用。好的蹄油应不溶于水；富有黏性，涂布容易；不腐败，不挥发；无刺激性；无臭味，很少沉淀；pH值中性；不受气温的影响，不易燃；价格低廉。

涂蹄油应掌握一定时机，如水洗半干后、修蹄后以及将蹄壁锉修平整光滑、蹄冠处理清洁后均应涂油。蹄的下部有角细管的开口，具有吸收与散发水分的作用，蹄底涂油就可调节这种作用，因此蹄底负面和蹄踵部要细致涂油。

三、牛蹄卫生保健规程

第一，加强饲养管理，合理供应营养成分。日粮营养标准以能量与蛋白比为 1∶50，钙、磷比为 1.4∶1 为宜。

第二，保持牛舍和环境卫生，牛舍、运动场经常清扫，粪便及时运出场外，保持运动场平坦、干燥。

第三，加强选种选配，淘汰肢蹄有严重缺陷的公牛。

第四，经常保持牛蹄卫生，冬季用毛刷刷蹄，夏季用清水彻底冲洗牛蹄。

第五，坚持常年用 4% 硫酸铜液对牛实施喷洒蹄浴，夏、秋季节，每隔 5～7 天蹄浴 1～2 次，冬、春季可适当延长蹄浴间隙。

第六，建立定期修蹄制度，每年对全群奶牛肢蹄进行普查 1～2 次，于春季、秋季统一给全群修蹄 1～2 次。加强观察，对蹄变形的牛应随时修正。

第七，蹄变形严重和蹄病牛要及时修蹄，并要对症治疗，促进痊愈过程。

四、牛床对蹄部的影响

牛舍是奶牛生活的场所，牛床的结构对牛蹄的影响很大。牛床建造粗糙、破损失修易引起肢体外伤，腕、跗、系关节发生褥疮；长期舍饲在不合理的牛床上，容易破坏牛的正常肢势，肢势改变后蹄也随之发生改变，易导致蹄变形，或者诱发肢蹄病和损征，如膝瘤、凹膝、跗关节内外肿胀、蹄冠炎等。

牛床表面应为不良导热体，冬暖夏凉并有一定弹性；地面质地不良时容易破碎，要求具有适当的韧度；床面应有便于粪尿流出的坡度，有利于保持床面干燥清洁；床面应有足够的宽度，过小时易引起牛只应激反应和生产性能下降；牛床面要求平整，在牛起卧时可减少对腕部、跗部、系关节、蹄冠部的刺激和损伤。

参考文献

1　陈家璞，齐长明著.大家畜肢蹄病[M].北京：中国农业大学出版社，1997

2　萧定汉主编.奶牛疾病监控[M].北京：中国农业大学出版社，1993

3　郭成裕，刘辉主编.兽医诊疗常规[M].昆明：云南科技出版社，1998

4　袁凤林，晁向阳，李聚财等.乳牛变形蹄的矫正及其效果观察[J].中国兽医科技，2000，4：39～41

5　陈茂盛.牛蹄炎研究进展[J].动物医学进展，2003，3：51～53

6　史远刚，袁凤林，张绣等.乳牛肢蹄异常的调查报告[J].动物医学进展，2002，3：104～106

7　托合提哈孜.种公牛肢蹄病的防治[J].中国兽医杂志，1994，1：19～20

8　萧定汉，李兰花，唐振三.奶牛蹄保健技术的临床效果[J].中国奶牛，1996，6：31～32

9　李凡，段晓坤.饲养管理情况对种公牛肢蹄病的影响.黑龙江动物繁殖，2002，3：16

10　周鼎年.第10届国际蹄病讨论会简报[J].中国奶牛，1999，4：54

11　刘忠琛，杜占民.应重视奶牛蹄病的防治[J].贵州畜

牧兽医，2002，6：38～39

12　负灿圣，负铮．奶牛磷代谢障碍症的诊治与病理分析[J]．当代畜牧，2004，3：14～15

13　刘茹馥．母牛躺卧不起综合征的防治[J]．当代畜牧，2003，12：13

14　王绍伟．种牛蹄病防治[J]．河南畜牧兽医，2003，1：31～32

15　齐长明，陈家璞．常见奶牛蹄病的防治[J]．中国兽医杂志，1999，7：18～19

16　张晶，单安山．奶牛肢蹄病及其防治[J]．动物科学与动物医学，2004，2：21

17　唐兆新．奶牛弥漫性无菌性蹄皮炎病因学研究进展[J]．国外兽医学——畜禽疾病，1995，16(4)：13～15

18　史远刚，袁凤林，李登云等．奶牛卷蹄的矫正及效果观察[J]．中国奶牛，2001，6：39～41

19　左新．种公牛肢蹄疾病病因初探[J]．云南畜牧兽医，2001，3：35～36

20　赵恒寿，温伟业．乳牛蹄病与矿物质元素[J]．中国兽医学报，1996，16(4)：400～403

21　陈玉芳，尚宏宝．种公牛蹄病的综合防治措施[J]．上海畜牧兽医通讯，2000，6：26～27

22　王炳清，吴长军．黑白花奶牛蹄病的综合防治[J]．福建畜牧兽医，2001，1：37

23　史远刚，袁凤林，孟华．牛蹄病综合防治措施的临床效果[J]．甘肃畜牧兽医，2002，3：1～4

24　何勇军，叶左局，邵碧雄等．南亚热带区肢蹄病对荷斯坦奶牛在群寿命的影响[J]．中国畜牧杂志，2002，38(3)：27～28

术 11.00元

麝鼠养殖和取香技术 4.00元

人工养麝与取香技术 6.00元

海狸鼠养殖技术问答（修订版） 5.50元

冬芒狸养殖技术 4.00元

果子狸驯养与利用 8.50元

艾虎黄鼬养殖技术 4.00元

毛丝鼠养殖技术 4.00元

食用黑豚养殖与加工利用 6.00元

家庭养猫 5.00元

养猫驯猫与猫病防治 12.50元

鸡鸭鹅病防治（第四次修订版） 12.00元

肉狗的饲养管理（修订版） 5.00元

中外名犬的饲养训练与鉴赏 19.50元

藏獒的选择与繁殖 13.00元

养狗驯狗与狗病防治（第三次修订版） 18.00元

狗病防治手册 16.00元

狗病临床手册 29.00元

宠物美容与调教 15.00元

新编训犬指南 12.00元

狂犬病及其防治 7.00元

怎样提高养鸭效益 6.00元

鸭鹅良种引种指导 6.00元

种草养鹅与鹅肥肝生产 6.50元

肉鹅高效益养殖技术 10.00元

怎样提高养鹅效益 6.00元

家禽孵化工培训教材 9.00元

鸡鸭鹅的育种与孵化技术（第二版） 6.00元

家禽孵化与雏禽雌雄鉴别（第二版） 12.00元

鸡鸭鹅的饲养管理（第二版） 4.60元

鸡鸭鹅饲养新技术 13.00元

简明鸡鸭鹅饲养手册 8.00元

肉鸡肉鸭肉鹅快速饲养法 5.50元

肉鸡肉鸭肉鹅高效益饲养技术 10.00元

鸡鸭鹅病诊断与防治原色图谱 16.00元

鸭病防治（第二次修订版） 8.50元

家庭科学养鸡 11.00元